涵芬楼文化 出品

Orchids

From The Archives of The Royal Horticultural Society

兰花档案

〔英〕马克·格里菲思 著

王 晨 张 敏 张 璐 译

2018 年·北京

商务印书馆
The Commercial Press

Orchids

From The Archives of The Royal Horticultural Society

目　录

兰花如今已是大众熟知的花卉。无须过多介绍，它们曾经是珍稀难觅的植物，并且很难栽培养护。而现在每个种花人的窗边都能看到兰花的花朵，许多超市和园艺中心也有植株出售。许多兰花都是园艺行业制造出来的杂交种，售价适中。即便没有玻璃温室和保育温室，任何人也都可以种植它们——哪怕是在家里或办公室的窗台上。

自成立之初，皇家园艺学会就和兰花产生了密切的联系。早在1830年代，学会位于奇西克的玻璃温室就开始收集并种植来自野外，尤其是来自热带低地和山区的优良物种。有些种类在奇西克长势良好，有些则因为栽培技术的限制引种失败。如今皇家园艺学会的所有花园都种有兰花原种和杂交种；尤其是在总是花团锦簇的威斯利花园。多年以来，许多兰花拥有了自己的水彩画，但这些绘画只有极少数得以公开出版——直到现在为止。

或许并不为人所熟知的是，拥有专门知识的皇家园艺学会会员每年都会被任命参加各种委员会，委员们的职责之一就是评选摆在他们面前的植物并推荐获奖者。兰花委员会1889年成立，并且从那以来一直都很活跃，我们会在皇家园艺学会于伦敦和别处举办的各项花展，以及在英国各地举办的兰花专题花展上举办会议。

1897年，兰花委员会决定为他们评选出的获奖兰花绘制水彩

画作为记录。该传统至今仍在延续。皇家园艺学会的兰花馆精心收藏了独一无二的六千余幅兰花画像，而且兰花委员会在召开会议时仍然常常参考这些图画。或许其中最值得注意的是第一位画家内利耶·罗伯茨的作品，她为兰花委员会工作了五十多年。所有画作都精确得令人吃惊。

　　皇家园艺学会还从彩版图书和杂志等多种途径收集兰花植株和花朵的插图，包括上色素描和油画等。它们也是林德利图书馆宝贵财富的一部分。

　　这本书从这些丰富的档案中精选了三百多幅插图。马克·格里菲思为这些图画配上了富于启发性的文字。皇家园艺学会收藏的兰花绘画现已出版供所有人欣赏，看看这些美丽的画和花是怎样赏心悦目吧。

乔伊斯·斯图尔特

世界兰花大会信托基金主席

插图来自《墨西哥和危地马拉兰科植物》，詹姆斯·贝特曼。

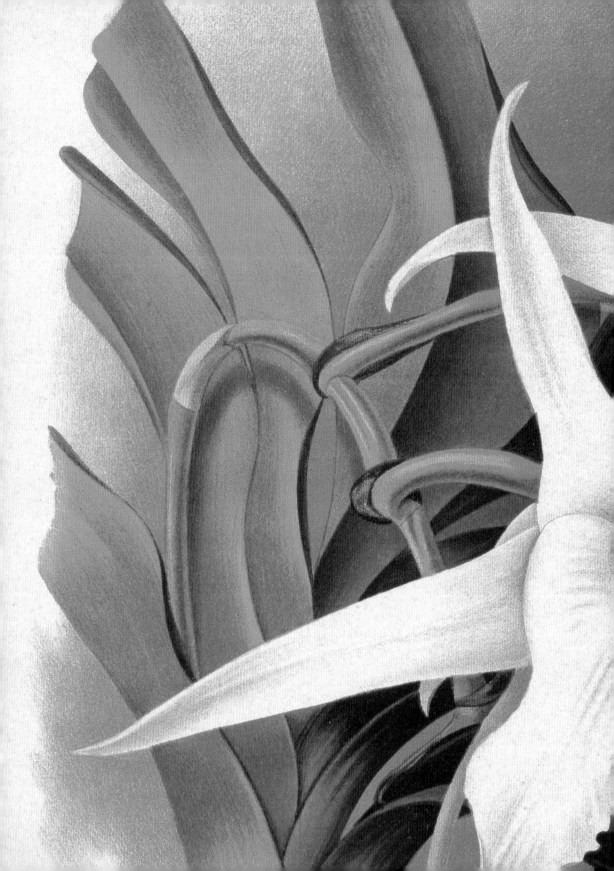

ONCIDIUM PAPILIO MAJUS.

B.S.Williams Publ?

拟蝶唇兰（*Psychopsis papilio*，异名 *Oncidium papilio*）

在 1833 年的一场园艺学会花展上，正是这个在美洲热带广泛分布的物种让德文郡公爵六世首次动心，激起了公爵对兰花的热情，并由此引燃了英国社会对兰花的狂热。公爵决定派遣他"聪明的园丁"约翰·吉布森前往印度搜集兰花。这种植物的英文俗名是 butterfly orchid（"蝴蝶兰花"），而它的拉丁学名翻译过来的意思就是"似蝴蝶的蝴蝶"。

来自荒野

到底是什么能够做到下列这些事情呢？偷走现代小说中最著名的风情女子的心；当传奇的首席特工少见地没有出现在绿色粗呢门后面时，仍让他心情愉悦；令城里最硬派的侦探感到紧张害怕，毛骨悚然；让比格斯踏上一段神奇的飞行之旅？[1] 答案是"兰花"。在臣服于兰花魅力的作家中，马塞尔·普鲁斯特、伊恩·弗莱明、雷蒙德·钱德勒和约翰斯机长只是比例很小的一部分。其中一些作家如：约翰·克莱尔和亨利·大卫·梭罗只把注意力集中于在他们乐此不疲地谈论的荒野乡村生长的兰花，并在这些兰花身上发现远离人类世界的那种未被破坏的天然之美。但是，对于使用兰花这个意象的大多数作家以及他们的读者来说，在潜意识层面的花语

1　编注：分别指奥黛特·德克雷茜，马塞尔·普鲁斯特所著小说《追忆似水年华》中人物，绰号"爱神"；詹姆斯·邦德，伊恩·弗莱明所著小说 007 系列男主角；菲利普·马罗，雷蒙德·钱德勒笔下系列小说，男主角，硬汉派侦探代表人物；比格斯全名 James C. Bigglesworth，一位英雄飞行员威廉·厄尔约翰斯机长笔下系列小说主角。

J.Nugent Fitch del.et lith.

B.S.Williams & Son Publrs

VANDA TERES ANDERSONI

齿瓣石斛

（*Dendrobium devonianum*）

该物种是约翰·吉布森在他 1830 年代搜集兰花的印度远行中发现的，命名人是吉布森的同事约瑟夫·帕克斯顿，帕克斯顿为它起的拉丁学名是为了纪念他们二人的雇主，德文郡公爵六世。种加词 *devonianus* 和 *cavendishianus* 也都是纪念这位公爵，许多在他的赞助下进入园艺栽培的物种都使用了这些名字作为学名。

凤蝶兰

（*Papilionanthe teres*，异名 *Vanda teres*）

左页图：从 1835 年至 1837 年，吉布森发现了数十个新物种，其中就有凤蝶兰。与凤蝶兰属的另一种植物胡克氏蝴蝶兰（*Papilionanthe hookeriana*，异名 *Vanda hookeriana*）杂交后，该物种的子代就是卓锦万代兰，商业生产中最成功的兰花。一位新加坡种植商在 1893 年培育了这个杂交种并以他女儿的名字命名，它在夏威夷和马来西亚启动了价值数百万美元的兰花"产业"。

Miss Drake. del.   Pub by J. Ridgway 169 Piccadilly Dec. 1. 1837.   J. Watts. sc

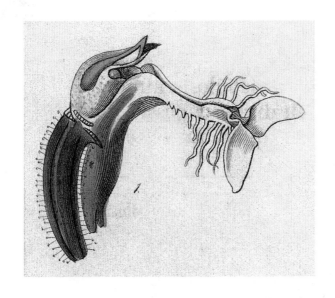

中，兰花的"意义"和自然的纯真无邪相去甚远，反而与人类的欲望和阴谋联系紧密。对于他们来说，"兰花"的言外之意并不是梭罗想的那样"白皙雅致，像是林中仙子"，而是更像"充满异域风情、危险、放浪、执拗、仿佛不属于这个世界，而且最重要的是，性感"。

　　当萧伯纳想要描述"不正派的巴比伦人"（他戏谑地如此称呼她）时，他从植物学和园艺学的领域借用了"orchidaceous"（似兰花的）一词。相似地，阿诺德·贝内特也将自己幻想中的交际花描绘成一个这样的人，如果条件恰当的话，"会变成另一种存在……同样的存在，但发生了兰花化（orchidised）"。

　　约翰·拉斯金这位作家疯狂起来就自认为是博物学和艺术史的裁决者，他早就发现了兰花和性之间的联系。这种关联至少在

开唇兰

（*Anoectochilus setaceus*）

左页图：虽然如今我们种植兰花主要是为了观赏其充满异域风情的花朵，但开唇兰却属于一类以美丽叶片而著称的兰花。这些拥有多彩叶片的植株被称作"宝石兰花"，备受珍视的它们曾出现在19世纪的许多华德箱（一种早期密封保护容器）和温室里，是华丽但喜怒无常的花中贵族。（上图为左页图局部）

皇后杓兰

〔*Cypripedium reginae*〕

这种原产北美的拖鞋兰是英国殖民
者送回英格兰的，并以"Calceolus
Mariae Americanus"的名字出现在约
翰·帕金森1640年的《植物剧院》
中。帕金森描述了它与英国本土杓
兰的区别，提到它更大，而且花
"不是黄色而是白色，花腹有泛红
的狭长条纹"。

无茎杓兰

〔*Cypripedium acaule*〕

左页图：原产北美洲东部，可能是
第一批进入英国园丁视线的兰花之
一。随着近来人们对耐寒兰花兴趣
的增长，它正再次引起关注。早在
1793年，威廉·柯蒂斯就描述过它
有些挑剔的生长需求："它在栽培中
需要一些额外照料：应该在花盆里
填满充分混合的壤土和沼泽土或腐
叶，把它的根埋在花盆里，然后将
花盆埋到北边的花坛里面"。

公元前 4 世纪就存在于欧洲了。它来源于许多欧洲兰花的块茎与男性生殖器的相似性；因此兰花在古代会被用作春药，而它们延续至今的名字 *Orchis*（红门兰属）或 orchid 的意思是"睾丸"。拉斯金一点儿也不喜欢这种联系，他曾经一本正经地说"orchid"这个名字"建立在某种不洁且贬义的联系上"。拉斯金提出我们应该称它们为"ophryds"，这个词是他用 *Ophrys*（眉兰属）变化而来的，眉兰属内包括花朵如蜂、如蝇、如蜘蛛的兰花种类。拉斯金认为这个名字完全没有淫秽意味，就算是最优雅敏感的淑女也可使用。但是"orchid"或"*Orchis*"已经使用得太广泛，无论是在科学上还是通俗使用中都难以取代（以民间视角看来，这个名字一直以来都意味着一种外表像男子而且能对他们施加作用的植物）。更重要的是，没有人听他的：当拉斯金提出自己的建议时，兰花已经获得了一种完全不同且充满异域风情的神秘魅力。

要想对这种神秘魅力略知一二，我们必须回顾 1833 年举办的一场花展，这场花展的主办方是伦敦园艺学会，皇家园艺学会的前身。就是在这次花展上，德文郡公爵六世威廉·斯潘塞·卡文迪什第一次见到来自中南美洲的拟蝶唇兰，这种兰花拥有肝脏颜色的叶子和艳丽张扬——甚至可以说是狰狞——的花朵。被迷住的公爵立即决定奉献自己的财富和精力，建立世界上最大的兰花收藏。他开始搜集栽培兰花的植株。

在当时，充满异域风情的兰花不仅仅是新奇的花卉，而且身上还交织着许多人们冒险和克服艰难险阻的故事，这些名扬天下的植物当然也需要相应的高额费用。为了得到一株来自菲律宾的蝴蝶兰属兰花，德文郡公爵为植物猎手休·卡明支付了令人震惊的一百基尼（英国旧时金币）。并不令人感到意外的是，不久他就决定雇用专门为自己服务的兰花收集者。公爵表现出了所有真正的兰花迷的共同特征，即对兰花出色的鉴赏能力和狂热。他还表现出了知人善任，雇用的两个人都能称职地帮助他追求自己的新爱好。其中一位是约瑟夫·帕克斯顿，公爵把他从园艺学会的奇西克花园挖了过来，并任命他为查茨沃斯庄园的首席园丁；另一位是约翰·吉布森，他是帕克斯顿在德比郡这座庄园里的学徒。

之后，帕克斯顿管理了所有德文郡的庄园，成为一名出色的园艺出版商，设计公共工程（最著名的是为 1851 年首届世界博览会修建的水晶宫），获得骑士爵位以及"园丁亲王"的非正式称号，并成为考文垂议会的议员。不过，在1830年代初的查茨沃斯庄园，他的任务是想方设法养活公爵新发现的心爱兰花。

他最先使用的是三个火炉温室，在这样的温室里，植株被种在树皮木屑苗床中，环境十分闷热。在当时，这种方法被广泛认为是栽培异域兰花的唯一方式，即使这些植株本身就来自温带地区并在冷凉环境下生长得很茂盛——可以预料到死亡率会有多高。对结果很不满意的帕克斯顿开始寻找更理性的栽培技术。在与园艺学会秘书及"兰花栽培学之父"约翰·林德利通信后，他对兰花的生境和生长习性有了一定了解；以自己学到的知识作为部分理论基础，帕克斯顿开始用新方法进行试验。

对帕克斯顿的兰花革命影响更大的是公爵的另一位"聪明园丁"约翰·吉布森的发现，他在1835年被派遣到印度，为查茨沃斯庄园的收藏搜集兰花和其他异域植物。在1835年至1837年间，吉布森遇到了许多科学界和园艺界都未曾见过的新兰花物种，包括开唇兰（*Anoectochilus setaceus*）、密花石斛（*Dendrobium densiflorum*）、笋兰（*Phaius albus*）和凤蝶兰（*Papiliananthe teres*，异名*Vanda teres*）。

在吉布森的发现中有三个石斛属（*Dendrobium*）物种分别恰如其分地命名为帕氏石斛（*D. paxtonii*）、曲轴石斛（*D. gibsonii*）和齿瓣石斛（*D. devonianum*）。最后一个物种的种加词*devonianum*，以及*devonianus*、*devoniana*是兰花学名中最常见的纪念性名称，*cavendishianus*也一样。这几个词纪念的都是德文郡公爵，正是在他的赞助下现代兰花栽培才开始起步。

回到查茨沃斯庄园后，吉布森发现的兰花必须转移到室内，而且他意识到必须在室内创造冷凉、湿润和清爽的条件，因为他发现在阿萨姆邦的山区就是这样的气候条件。帕克斯顿降低了公爵玻璃温室的温度，并增强了通风。最后他开创出当时最先进的兰花分区栽培系统——根据各兰花的起源地和气候需求种植在冷凉区、中间区和温暖区。他还将开发出更疏松的基质，并更多地使用筏子和篮子，成功地促进了许多新引进兰花（附生兰类或石生兰类）根系的健康生长。

帕克斯顿在自己最富革命性的建筑作品——"大火炉"——的拱顶下开发出了新的栽培体系。游客们会发现这栋建筑物的名字极具欺骗性：里面是令人舒适的清爽，几乎算得上是清风拂面。查茨沃斯庄园很快就拥有了全世界最大最兴盛的兰花收藏，而作为众多植物猎手赞助人兼皇家园艺学会前身主席的公爵成为了一系列大家的先驱。这些大家横跨 19 世纪的兰花界，并见证了兰花从小众痴迷到风靡大众的发展历程。

虽然兰花狂热症的种子直到 1833 年才开始萌芽，但异域兰花早在两百多年前就已经开始进入欧洲了。例如，在《植物剧院》（1640 年）一书中，查理一世的宫廷药剂师兼园丁约翰·帕金森描述了"巨大的野生圣诞玫瑰"或美国玛利亚拖鞋兰，一种产自北美的拖鞋兰，如今我们几乎可以肯定它就是皇后杓兰（*Cypripedium reginae*）。根据帕金森的描述，它和原产北欧的杓兰（*Cypripedium calceolus*）的区别在于，"茎和叶更大，而且花不是黄色而是白色，花腹有泛红的狭长条纹"。

然而在 17 世纪，荷兰人才是搜集异域植物的真正先驱。这里的异域不仅是指"外国的"这个本源意义，也符合通俗语境下"拥有奇异的外表，令人想起温暖和遥远的地方"的含义。荷兰异域植物收集者中的翘楚是加斯帕·法赫尔，他的部分收藏被奥兰治亲王威廉获得。当威廉和他的妻子玛丽登上英格兰王位后，这些植物被转移到了汉普顿宫而且长得非常好。法赫尔最奇异的战利品之一是来自库拉索岛的一种白花多肉植物，它像槲寄生一样生长在大树树干上。按照当时通用的命名法，它被命名为 *Epidendrum curassavicum folio crasso sulcato*（"生长在树上，来自库拉索，拥有肉质、具沟槽的叶片"），并出现在保罗·赫尔曼的《荷兰天堂》（1698 年）一书中。直到 1831 年，约翰·林德利才为它起了一直沿用至今的学名，*Brassavola nodosa*（柏拉兰）。

在林德利为法赫尔的兰花命名时的一百年前，伦敦已经成为异域兰花引进北欧的重要中心，很多史实都能证明这一点。1731 年，商人兼园丁彼得·柯林森收到一株来自巴哈马群岛普罗维斯登岛的紫花拟白及（*Bletia purpurea*）植株。这株兰花抵达伦敦时已经令人

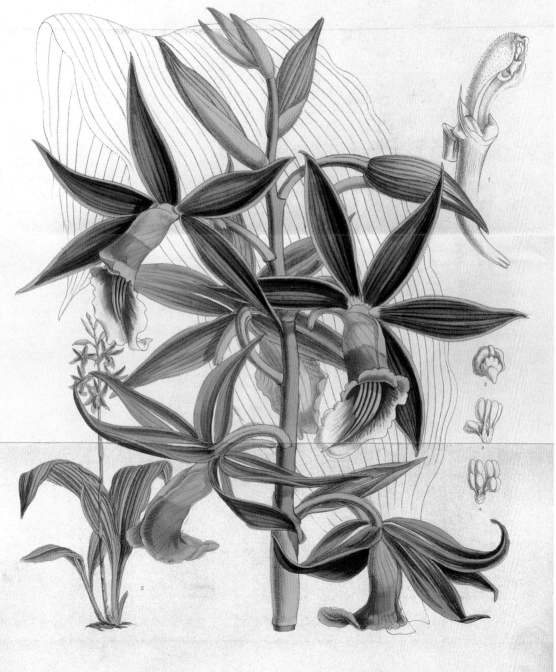

M.S.del. J.N.Fitch lith.

L.Reeve & Co London.

EPIDENDRUM MACROCHILUM var. ROSEUM.

心形围柱兰

〔 *Encyclia cordigera*，异名 *Epidendrum macrochilum* 〕

广泛分布于美洲热带和亚热带地区的围柱兰属（ *Encyclia* ）和树兰属（ *Epidendrum* ）物种在第二波异域兰花的进口浪潮中进入英国花园。心形围柱兰早在 1805 年就已经为欧洲科学界所知，不过直到滑铁卢战役的同一年才得到正式命名（命名人是植物学家卡尔·西吉斯蒙德·肯）。

粉蓝喙果兰

〔 *Rhyncholaelia glauca*，异名 *Brassavola glauce* 〕

右页图：兰花猎手约翰·亨奇曼最先在墨西哥的贾拉普发现了该物种的一棵单株。不久之后，代表伦敦园艺学会进行植物搜集工作的卡尔·西奥多·哈特威格在 1837 年发现了该物种大量植株，并将它们运回伦敦。有一棵植株在学会位于奇西克的花园开了花，成为这幅版画描摹的对象。根据兰花鉴赏专家詹姆斯·贝特曼的说法，经销商德尚曾在伦敦以高昂的价格出售该物种的大量植株，以及其他墨西哥多肉和气生植物。伦敦市场趋于饱和之后，德尚开始以极低的价格在英国各郡打包出售这些兰花："作者本人在一个乡村小镇购买了包括至少 20 种花的一整套兰花，这些兰花的总价在伦敦连两种兰花都买不到。"

Pl. 16.

Miß Drake, del.

M. Gauci lith.

B R A S A V O L A   G L A U C A.

1859.

Miss Drake. del.   Pub by J. Ridgway   169 Piccadilly June 1. 1836.   J. Watts.

伤心地变干了，但它球茎状的假鳞茎在铺满腐烂树皮的湿润苗床中很快恢复了生机，并在一年后开出了漂亮的粉紫色花朵。从此以后，兰花到达的脚步开始加速。1760 年代从西印度群岛送到邱园的兰花包括坚硬树兰（*Epidendrum rigidum*）和香荚兰属（*Vanilla*）的物种。1778 年，从中国返回的约翰·福瑟吉尔为英格兰带来了第一批亚洲兰花，建兰（*Cymbidium ensifolium*）和鹤顶兰（*Phaius tankervilleae*）。在福瑟吉尔侄女的保管下，后者在约克郡抽出高高的花莛，开出浅黄和酒红相间的花朵，令人兴奋。

十年后，邱园栽培的异域兰花物种已达 15 个，而且还首次让附生兰开出了花。它们是绿色和栗色相间、一旦开始开花就停不下来的章鱼兰（*Encyclia cochleata*），以及气味香甜、象牙色和紫色相间的香花围柱兰（*Encyclia fragrans*）。然而它们的影响力都不如 1810 年代初在利物浦植物园开花的另一种新世界附生兰。对于大多数人，花朵华美、色彩灿烂的卡特兰就是兰花的代表。利物浦的这株植物当时还是来自圣保罗的一种未命名的奇异兰花，它是在欧洲开花的第一株卡特兰——不过当时并没有人意识到这一点。

1812 年，伦敦种苗商哈克尼的康拉德·罗迪吉斯和他的儿子们开始了异域兰花的商业化种植，成为欧洲第一家这么干的种植商。罗迪吉斯在 1819 年出版的《植物学陈列室》一书中记录了利物浦的绝妙兰花，并将其命名为紫花树兰（*Epidendrum violaceum*）。17 世纪末以来，植物学家们常常不经辨别地将附生兰和岩生兰统统归入树兰属（*Epidendrum*，意为"树上的植物"）内。19 世纪初，兰花的分类才变得更仔细。由于新物种的不断涌入，这种进步变得十分必要（例如到 1813 年，邱园的兰花活株收藏已经增长到了来自 56 个热带地区的物种和来自 12 个南半球亚热带和温带地区的物种），而它的实现则要感谢植物学家约翰·林德利的勤勉和判断力。

卡特兰

（*Cattleya labiata*）

左页图：1818 年，英国博物学家威廉·斯温森将来自里约热内卢附近阿更山的众多新异植物寄回给自己的赞助人威廉·卡特利，第一批西方兰花爱好者之一。这些植物样品的包装是一种相当坚韧但没有什么特色的植物材料，好奇的卡特利将它种了下来。一年之后，他震惊了，这种植物开出了比他见过的任何兰花都更大更鲜艳美丽的花朵。年轻的约翰·林德利，用他的赞助人名字将这个新属命名为卡特兰属，因为它有宽阔且色彩艳丽的唇瓣，所以种加词定为 *labiata*（唇）。

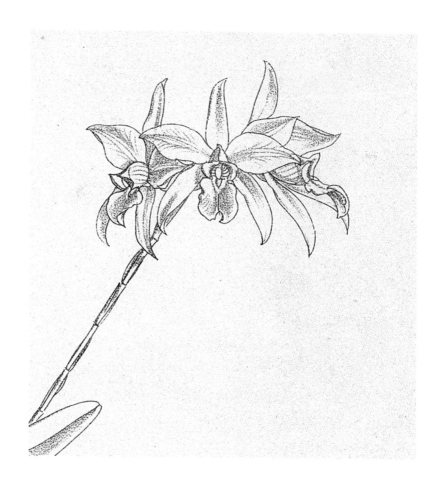

蕾丽兰（*Laelia anceps*）

兰花栽培学之父约翰·林德利将该属
命名为蕾丽兰属，以纪念古罗马时期
的维斯太贞女之一。蕾丽兰是他在
1835 年描述的该属第一种植物，原产
墨西哥和洪都拉斯，由于其极强的抗
逆性和在萧索冬季开花的特性，在欧
洲大受欢迎。该物种拥有从深品红色
至浅粉紫色的花色变异，唇瓣金紫相
间带红晕。纯白类型尤其珍贵。

J.Nugent Fitch del. et lith.

LÆLIA ANCEPS.

J.Nugent Fitch imp.

林德利的早期赞助人之一是富有的北伦敦商人威廉·卡特利，他也是一位勤恳的异域植物收集家。卡特利雇林德利为自己最精美的收藏品画像并进行描述，其中首屈一指的是一种花朵超大的兰花，这些花的被片像绉纱一样，呈淡紫色至紫红色，唇瓣为漏斗状，边缘有花边，呈红宝石色和金色。当这种植物在 1818 年 11 月第一次开花时，卡特利兴高采烈地将其描述为"或许是所有兰科植物中最华美的兰花"——很多人至今仍然支持这样的论断。然而最初谁也没有料到它会受到如此的赞誉。1818 年，当这种植物的发现者威廉·斯温森在里约热内卢附近的阿更山上遇到它时，它没有开花，也没有引起斯温森的注意。但是那里有很多其他他感兴趣的巴西植物，于是斯温森使用这种兰花坚韧的叶片和假鳞茎作为包装材料，将这些植物打包送回了英格兰。这些兰花本来是准备丢弃的东西，但卡特利留了个心眼，决定尝试种植它们。他得到了丰厚的回报。

1821 年，约翰·林德利认为该物种属于一个新属，并将其命名为卡特兰属（*Cattleya*）以纪念自己的赞助人，因为它有宽阔且色彩艳丽的唇瓣，所以种加词定为 *labiata*（唇）。他将该物种和卡特兰属的另一个物种共同发表，即十年前在利物浦开花的那棵植株。林德利将其命名为罗氏卡特兰（*Cattleya loddigesii*）以纪念哈克尼的这家种苗商。卡特兰（*Cattleya labiata*）续写着自己的传奇。在被发现之后不久，这种兰花的自然生境就因为毁林、咖啡种植等等原因被破坏——这种故事我们今天再熟悉不过了。新的栖息地被发现之后也很快遭受了同样的命运。后来发现的数个新物种也拥有可与卡特兰媲美的华丽花序。其中的一些物种如花叶卡特兰（*Cattleya mossiae*）和冬卡特兰（*C. trianaei*）甚至被用来冒充成真正的卡特兰，但很少有种植商会上当。

真正的卡特兰最后一次被人看到是在 1830 年代末，然后就消失不见了，直到后来在 1891 年被重新发现。通过种苗商弗雷德里克·桑德以及拍卖商普罗瑟罗和莫里斯的经营，成千上万的卡特兰在这一年重返欧洲园艺界——天知道这对它在野外的生存状态造成了什么影响。卡特兰的回归恰逢其时，正好让马塞尔·普鲁斯特在《斯万的爱情》中将它写成奥黛特·德克雷茜最喜爱的花，弗拉基米尔·纳博科夫对此曾有所描述：

这种泛着粉色的淡淡紫红和欧

洲文学有一种精致高雅的联系，充满艺术的美感。这是一种兰花，卡特兰的颜色……这种兰花如今在这个国家（1950 年代的美国），经常用来装饰俱乐部宴会上淑女的胸前。在上世纪 90 年代的巴黎，它是一种非常稀有且昂贵的花。在一幕著名但并不十分令人信服的场景中，它装饰了斯万的求爱场面。

兰花狂热症在 1820 年代已经蔚然成风：卡特兰让园艺界兴奋不已；除了罗迪吉斯之外，又有其他种苗商加入到专门栽培兰花的行列中来；园艺学会在位于奇西克的花园开设了一座"兰花房"，展出这些拥有迷人花朵和奇特生长习性的新引进兰花，展览很受欢迎。但这种狂热的影响程度有限，因为种植附生兰的尝试常常以死亡的植株和沮丧的园丁告终。兰花种植商们还没有从约瑟夫·帕克斯顿的聪明才智中受益。

在当时，兰花爱好者们有一种错觉，认为所有外国兰花都需要种植在腐烂树皮和闷热环境中。在糊里糊涂的兰花种植初期，还能找到更奇怪的误解。例如，约翰·林德利曾告诉自己的读者应该将来自远东的虾脊兰属（Calanthe）物种种在一

个"火炉"里，并安置在树皮或木头筏子上，就好像它们是"气生植物"那样。他十分清楚这些植物来自凉爽山间林地的地面，但是兰花的神秘似乎挡在了他和常识之间。无独有偶，当园艺学会在 1830 年公开其在兰花栽培方面的研究成果时（在林德利的指导下），也没有提到几乎所有兰花的首要需求——通风。由于林德利的权威被认为是绝对可靠的，于是金钱和植物的生命都这样白白浪费了。

然后就是 1833 年和德文郡公爵的现身。公爵在查茨沃斯庄园投身于兰花搜集数年之后，他天才的园丁约瑟夫·帕克斯顿开始在自己创立的几本出版物之一《植物学杂志》上发表自己栽培试验的结果。之前三十年的努力也没能让这些最合心意的植物存活下来，只换来了挫折和失败，此时兰花种植界终于开始振作精神，重整旗鼓。不久后，一系列新苗圃开始出现，准备好为指数级增长的需求供货。

巴克豪斯、维奇和罗迪吉斯不再是园艺行业神秘分支的边缘经营者，而是成为了引领园艺新热情的大承办商，负责从野外引进数百个新物种，并让任何有手段和好奇心的园丁能够得到它们。为迎合新的需求，这些苗圃以德文郡公爵和其他伟大的爱好者如克尼珀斯利庄园的詹姆斯·贝

Pl. 7.

Mrs Withers delt.   M. Gauci lith.

齿舌兰

（*Odontoglossum crispum*，异名*Odontoglossum alexandrae* var. *trianae*）

自 1841 年被发现以来，齿舌兰就几乎一直被当作近乎神话中才有的兰花。它是在哥伦比亚安第斯山脉海拔 2000 米至 3000 米之间被发现的，发现人为出生于德国的卡尔·西奥多·哈特威格，他是伦敦园艺学会工作的兰花搜集者。它纯净的花朵和对冷凉气温的耐性（实际上是需求）立刻让它饱受青睐，因此造成数百万棵植株从野外流失。1861 年，波哥大的何塞·特里亚纳发现了它这引人注目的外表，它的命名是为了纪念威尔士王妃亚历山德拉。

虎斑奇唇兰

（*Stanhopea tigrina*）

左页图：作为最壮观的兰花之一，虎斑奇唇兰硕大的蜡质花朵以几乎肉眼可见的速度生长发育，打开时伴随着耳朵能听到的"噗"一声，释放出浓郁的瑞士巧克力香气，然后在几天的时间里迅速衰败凋谢。1837 年，詹姆斯·贝特曼首次在他的暖室中将它栽培开花，他提到这种兰花是两年前由约翰·亨奇曼在墨西哥的贾拉普发现的，地点是"幽深峡谷中一棵老树的裂缝里"。

J.Nugent Fitch del.et lith.

J.Nugent Fitch imp

CYPRIPEDIUM FAIRRIEANUM

特曼为榜样，雇用自己的兰花搜集者。一种新的"职业"由此诞生，它或许是园艺相关职业中最缤纷多彩的——兰花猎手。

兰花栽培学在当时还很稚嫩。一旦进入栽培，植株只能通过分株或播种繁殖，这是两种很慢且不稳定的方法。因此，兰花狂热症高峰时期几乎所有出售的植株都是从野外采集的成年兰花。商业兰圃以及为它们供货的兰花搜集者之间存在激烈的竞争。新发现一棵成熟植株（如卡特兰）就能改变一个兰圃的命运。关于新发现的报告刺激着国内永无止境的需求，导致兰花猎手们争先恐后地拼命抢夺先机，常常要穿过危险的未知之地才能夺取属于自己的奖赏。在"兰花之王"亨利·弗雷德里克·康拉德·桑德的一份公告中，当时流行的竞争和对抗精神跃然纸上，这是他寄给自己的搜集者阿诺德的，关于某个竞争者的一封信：

> 既然这家伙已经表现得如此粗野无礼，我们必须竭尽所能地报复，跟他扯平。我希望你看到这些文字之前已经在去往梅里达的途中了，并且在怀特（对手洛的兰花猎手）之前抵达那里。一定要赢过那小子。

这种对抗最丑陋的一面在于，兰花猎手经常将他们遇到但无法运回家的所有兰花全部毁掉，破坏的不仅是他们竞争对手的成功机会，遭殃的还有无可取代的兰花生境。这种肆意破坏的行为并非必要。当他们变得更有组织后，兰花猎手后面跟着成群驮工和骡子，最近的港口还有大型货船等着他们。一个搜集者很有可能将整个兰花种群全部搬走，运到翘首以盼的西方公众面前。例如，为了搜集当时最流行的齿舌兰（*Odontoglossum crispum*），在哥伦比亚的一次猎兰行动就砍倒了 4000 棵大树，在它们倒下的树干上采集了10 000 棵植株。

费氏兜兰

（*Paphiopedilum fairrieanum*，异名 *Cypripedium fairrieanum*）左页图：从阿萨姆邦抵达英国后，这种兜兰很快就因其娇小的体态和布满醒目脉纹的花朵而受到喜爱。1857 年，约翰·林德利在为《园丁纪事》提供的稿件中写道："它是在园艺学会于威利斯俱乐部举办的上一次展览中展出的，提供者是利物浦的费利先生，一位热情的兰花搜集者。我们认为值得将他的名字与我们面前这株珍贵的植物紧密地结合起来。"

劳氏宝丽兰

（*Bollea lawrenceana*）

原产安第斯山脉西部的劳氏宝丽兰属于一个独特的南美兰花类群。蜡质花朵开放在扇形排列的叶片之间。该物种和同属近缘物种天蓝宝丽兰（*B. coelestis*）都是所谓的"蓝色"兰花，它们的花是淡紫色、蛋白石色和紫水晶色相间的颜色。它们还有强烈的风信子香味。*lawrenceana*这个种名是为了纪念特雷弗·劳伦斯爵士（1831–1913 年）。劳伦斯爵士在皇家园艺学会担任了 28 年的主席，在位于萨里郡的伯福德屋舍（他的家）里建立了一批非常有名的兰花收藏。

1895年，兰花搜集者卡尔·约翰森从麦德林发来报告："如今它们（兰花）在这里已经消失灭绝，这肯定是最后一季了。我已经沿着达瓜河走了个遍，没有一株兰花留下；上一次我在那里的时候，人们每次只带来两三棵植株给我，还有人两手空空，什么都没找到。"

有时候，这些掠夺行径对生物多样性的破坏比一开始想象的更严重——例如，在罗贝林将自己搜集的 21 000 株菲律宾的蝴蝶兰属物种运回"安全"的欧洲温室之前，一场飓风将其毁坏殆尽；而威廉·米克利兹搜集的满满一船石斛属兰花在西里伯斯岛的港口葬身火海。

那些安全到达的兰花是赞助搜集者的苗圃的资产，但它们要进入零售市场，常常得通过专门经营兰花的拍卖行。这些拍卖行会利用海报和报纸广告做宣传，进行盛大的公开拍卖。例如，来自阿萨姆邦的白旗兜兰（*Paphiopedilum spicerianum*）曾经在野外被发现过一次就不见了踪影。然后，在毫无预兆的情况下，最初搜集并存活下来的少量植株中突然有一棵在温布尔顿一位夫人的暖室里开了花，在兰花种植界掀起了一场空前的躁动和渴望。桑德一点儿时间也不愿拖延，立刻派自己的搜集者福特曼深入野外寻找更多这种兰花。

这位兰花猎手的探寻之旅毫不轻松。在福斯特曼怀疑生长着这种兰花的山坡上，植被是如此茂密，以至于他不得不顺着冰冷的山间小溪爬上山坡。当他终于在一面峭壁顶上发现了这种难以捉摸的兜兰后，他的搬运工人却拒绝帮助他采集——直到他同意返回他们的村子，开枪打死一头一直侵扰他们的食人老虎。福斯特曼履行了自己的诺言，兰花也运回了欧洲；桑德尔在一天之内卖掉了 4000 株白旗兜兰。这一时尚风潮从伦敦南部一座花园中开始，然而它对这种兰花的野外生存状态造成了极大影响，在它的原产地印度，该物种至今仍未恢复。这次异域掠夺的战利品大部分都交给了普罗瑟罗和莫里斯交易，它们是所有经营兰花业务的拍卖行中最有声望的。正是在它们的支持下，消失已久且被众人梦寐以求的卡特兰在被桑德重新引进后，重回园艺界。它们为这种兰花鼓吹不已，说它是"斯温森的正宗老株"、"真正的老式典型植株"。一锤定音卖出了 2000 棵兰花。

在这段时间前后，桑德在他的圣奥尔本斯苗圃每月能收到多达 300 箱卡特兰。为了让读者更好地理解，有必要做一定说明：桑德位于英国的苗圃只是他的三座苗圃之一（其他两座位于布鲁日和新泽西）；

兰花是裸根运输的，而且包装得就像沙丁鱼一样满满当当；卡特兰属只是桑德涉猎的数百个属中的一个。兰花狂热症，对珍稀、异域风情和独有性的追求，已经变成了一项产业。

庞大的兰花市场自 1850 年代以来开始发展，在此期间，技术革新以及适合冷凉环境物种的引进相结合，使中产阶级开始有能力购买兰花。在帕克斯坦创办的《植物学杂志》中，唐纳德·比顿力劝"财产比较有限的业余爱好者也栽培一些美丽的兰科植物，因为迄今为止这类精美的植物只曾被富裕阶层的人们欣赏过"。1851年，本杰明·S. 威廉姆斯为《园丁纪事》杂志撰写了"百万大众兰花"系列专稿，然后出版了自己的《兰花种植者手册》，这本长盛不衰的著作从 1852 年至 1894 年共发行了七版。

虽然成千上万的人（而不是百万之众）领会了这个启示，但兰花的高贵形象一直延续到爱德华七世时代末。猎兰行为仍在继续，一株兰花的易手仍然可能需要成百上千的基尼；兰花爱好者仍然属于显贵之列。这些显贵人物中最著名的一位是约瑟夫·张伯伦，他位于伯明翰附近海布里的庞大收藏让他的纽扣孔总是不缺少装饰（齿舌兰是理想选择），这些装饰用的兰花跟他睥睨万物的单片眼镜一样，都成了这位英国政治家的标志。

1903 年，伦敦的欢乐剧院在音乐喜剧《兰花》中用诙谐的方式表现了张伯伦的癖好。该剧讲述的是一位植物猎手想尽办法将一株珍贵兰花运给商务部部长奥布里·切斯特顿的故事。对兰花高贵形象的反应并不总是这样有幽默感。1900 年，张伯伦本人的园丁 H. A. 博柏利就曾这样抱怨：

> 兰花为什么总是被认为是昂贵的奢侈品，除了最富有的阶层之外无人可以染指呢？我认为这种观念是这样产生的，当兰花出现在报纸和期刊杂志的报道中时，它们总是一成不变地和那些著名又富有的人物联系起来。

13 年后，妇女参政运动人士摧毁了邱园的兰室，将玻璃、花盆和植物统统打碎。仿佛是在印证博柏利的怀疑，媒体在报道时俨然成了这些兰花和邱园的代表——"疯狂的妇女袭击邱园"（《每日快报》）；"邱园兰花被毁"（《标准晚报》）。但是这些妇女们的行动引起了一些人的共鸣，他们开始将兰花视为享有特权且过时的男权主义的标志。

猎兰行为在 1910 年代开始式微，造成这种现象有几个原因。其中两个是令人高兴的：我们开始掌握繁殖的技艺（如果还称不上科学的话）；以及杂交种逐渐开始受到欢迎。这两个因素都缓解了野外兰花种群的压力，而且这两个趋势都在 20 世纪中持续发挥作用，从而促使许多本书呈现的美丽植物的诞生。

促使兰花猎手这一职业消失以及兰花狂热本身逐渐熄灭的其他因素就不那么令人开心了。兰花猎手们在仅仅几十年前才开始大肆掠夺的许多兰花生境此时已经裸露无遗了。在全世界云雾缭绕的山顶、红树林沼泽和热带大草原，已经没有兰花剩下了。

即使大自然的供应没有中断，兰花狂热症也会随着第一次世界大战的爆发而告终。燃料价格因为战争原因飙升，园丁们纷纷奔赴前线造成园艺界劳动力奇缺，温室设施就这样被弃用了。1920 年，园艺界最大规模的狂热迎来最后一次阵痛，另一位德文郡公爵对自己兰花藏品的状态彻底绝望，下令拆毁帕克斯顿的第一件建筑杰作，位于查茨沃斯庄园的"大火炉"。

在接下来的一个世纪，总是充满神秘魅力的兰花仿佛凤凰涅槃一般从大火炉破碎的窗格玻璃和扭曲的大梁中再次腾飞。我们已经完善了种植、繁育和杂交技术，而且所有产品都在百万大众的购买力范围之内。有新物种被发现，而曾经灭绝的物种也被重新发现。它们也在我们的收藏中占有一席之地。不过，至少在最近一些年，它们是以符合道德伦理的方式来到我们身边的，因为我们开始致力于保护野生兰花的存在——这一紧迫的任务肯定会让兰花狂热症时代的英雄（也是恶人）感到困惑。

虽然兰花变得更加常见，也更容易负担，但它们的神秘魅力却毫无逊色。或许这种神秘魅力并非来自 19 世纪以及所有关于耗费、稀有和拼死勇气的故事，而是来自这些植物本身以及我们人类数千年来与它们的联系。

Plate XI

l.

W. Fitch del.ᵗ

Dendrobium moniliforme

对兰花的崇拜最初萌发于数千年前，扎根在距离欧洲和北美的暖室万里之遥的地方。和我们大肆劫掠的兰花狂热症极为不同的是，这种崇拜更像是一种与哲学和艺术紧密相连的思维境界。

现存最古老的提及兰花的记录出现在公元前 800 年左右的中国。其中不断提到一种优雅的、拥有强烈香味的植物，这种植物也出现在了《诗经》当中——可能是绶草（*Spiranthes sinensis*）或一种兰属（*Cymbidium*）物种。不过直到 300 年后，兰花才被孔子提升到中国花卉文化中备受尊崇的地位，并一直延续至今。对于孔子而言，兰，尤其是春兰（*Cymbidium goeringii*），象征着一种朴素的优雅。在他看来，简朴的文雅应是人自我发展的典范，兰花则是这种典范活生生的载体和化身。兰花是植物的典范，也是作为典范的君子的植物。然而必须要明白的是，这里所说的兰花绝不是两千多年后欧洲温室里栽培的色彩艳丽、花朵张扬的热带兰花。孔子的兰花安静、谦逊，就像赞扬并种植它们的君子一样，它们的优越性最好不必言明[1]。

兰纤细的弓形叶片和淡雅美丽的低垂花朵是端庄得体的典范，而它们的香气则赢得了更多外在的夸赞。事实上，这是一种奇异的飘忽不定的香气，一天当中的强度不断变化，从黎明时几乎察觉不到，到下午的浓香扑鼻，再到夜晚令人沉醉的花香弥漫。香味类型也在不断变化，从茉莉似的香味变成辛香，从肥皂似的香味变成柑橘气味。相应地，兰的香味也代表很多东西——美德的象征、"香中之王"、王者之香、求爱成功的预兆，以及在《易经》中所提到的那样是友谊的暗喻：

> 同心之言，
> 其臭如兰。

1　编注：也有研究认为，孔子所说的"兰"实际指的是菊科的植物泽兰。

细茎石斛

（*Dendrobium moniliforme*）

左页图：在原产地日本，细茎石斛至少从公元 6 世纪以来就是一种备受喜爱的花园植物，当时它被当作一种活的空气清新器种植，花朵令贵族的房子满室飘香。虽然典型的植株开白花，不过人们还培育出了多种细茎石斛，其中一些品种呈鲜艳的黄色、粉色和粉紫色。

兰及其相关的所有一切都有如此这般的正能量，以至于兰成为一个高度正面性的前缀，用于哲学和诗歌词章中。例如，"兰友"的意思是"亲密的朋友"，"兰昌"指"丰硕的收获"，[1] 而"兰心蕙质"是"优雅的女子"。

建兰（*Cymbidium ensifolium*）和细茎石斛（*Dendrobium moniliforme*）出现在现存最古老的中国植物学著作《南方草木状》中，这本书的作者是嵇含，约公元 300 年时中华帝国的重要官员。兰花（专指兰属植物）此时已确立了作为儒家文化首要象征的地位，成为诗歌、道德文章、绘画和书法的描述对象。公元 4 世纪，当著名书法家王羲之决定举办一场同时代诗人和书法家的竞赛聚会时，他选择了兰亭作为举办地点。他描述这场盛会的墨笔至今仍是书法家们高山仰止的典范。

除了文化气质，兰也有显著的园艺价值。人们会细心挑选拥有精美或独特香味、叶片和花色的兰花，加以精心培育。它们的后代（本质上仍是同一种植物）至今仍被当作传家宝珍藏。最早的兰花及兰花栽培专著出现在第一个千年之交。北宋时期（公元 960-1279 年），兰花种植在中国萌芽，促成了新物种的发现、新品种的培育、栽培技术的改良以及众多园艺文献的出版，其中一部就是《兰谱》。这是一部关于兰花的专著，由王贵学写于 1247 年，其中记录了 37 个不同的兰花物种和品种。关于兰花的优越性，它还做了实事求是的描述，令人耳目一新：

> 竹有节而吝花，梅有花而吝叶，松有叶而吝香，惟兰独并有之。

大花杓兰

（*Cypripedium macranthos* var. *speciosum*）

右页图：在日本，大花杓兰被称为敦盛草，以纪念历史人物平敦盛，他是平氏家族的年轻武士，公元 1184 年死于一之谷之战。

1　译注：原文为"Lan Chang"，但中文并未查到这种说法，或为作者附会。

一種 あつもうさう

野州信州等の深山に有
葉ハ白及シラン似て四五葉茎
を抱て生ド茎の末に
一花あり形本條ホ
全ド又白花の物
日光にあり

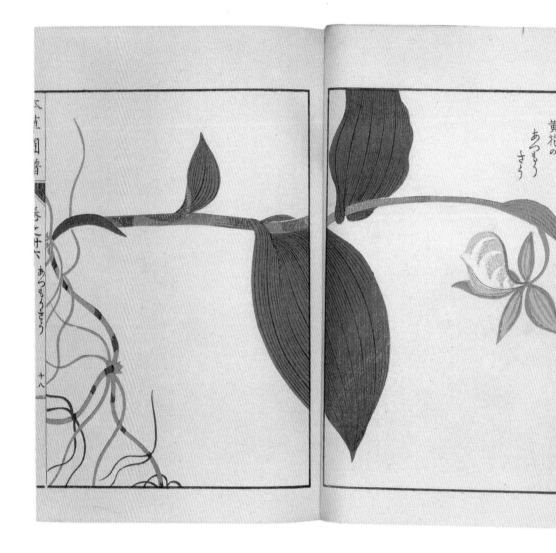

紫点杓兰

（*Cypripedium guttatum*）

紫点杓兰分布于俄罗斯联邦东部、中国、朝鲜和日本，已经成为备受种植者喜爱的耐寒兰花和高山植物。它是瑞典植物学家奥洛夫·斯沃茨在 1800 年命名的，在这一年，他成为了发表兰花研究的第一个西方植物学家。斯沃茨总共识别出了兰花的 25 个属：其中 24 个属有单花药，另外一个属有双花药（杓兰属）。这种重要的区别从此一直是兰花分类的基础。在日本，杓兰属植物从未被传统的草药医生归入兰花之列——尽管人们欣赏它的美，并将历史上的一些英雄人物和它们联系在一起。

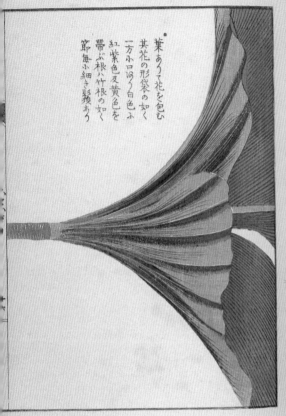

独脚仙

扇脉杓兰

（ *Cypripedium japonicum* ）

在一之谷将平敦盛杀死的是熊谷直实，一名年纪更大、更有战场经验的勇猛武士。他是为源氏家族战斗的武士，当时平氏家族和源氏家族正在争夺对日本的统治权。当他冲入敌阵时，熊谷的工具袋（实际上是武将系在腰间的斗篷）在他身后鼓风翻腾，就像扇脉杓兰膨大的唇瓣。因此这种杓兰在日本被称为熊谷草，与较小且花色更粉的敦盛草（大花杓兰）相呼应，后者纪念的是在死在熊谷手里的年轻人平敦盛。

宋朝之后，艺术作品中的兰花得到更精致的描绘，并表现出更强烈的象征主义——这在公元 1306 年一幅著名的春兰图中体现得淋漓尽致。这幅画用几道灰绿色的半月弯刀形笔触代表兰花的叶片，叶的中央是一朵孤零零的花。花的唇瓣以黑墨挑出，并配以诗文解释，这株植物就是中国古典价值的象征——这种价值维持得甚是艰难，因为它们的拥护者在蒙古人的入侵中被消灭了。（这株兰花没有根，也没有令根固定的地方。）

虽然无根兰花令人悲观沮丧，但兰花继续成为中国传统园艺的主力。在 16 世纪，当英国人首次开始兴起植物学和园艺学文献的写作浪潮时，中国人撰写大众兰花种植手册的历史已经进入了第五个世纪，其中一些著作的标题（《艺兰月令》、《兰说》）即使放到今天也是值得出版的选题。历经战争、外族入侵和文化革命，兰在中国依然是出类拔萃的植物。无论是兰花本身，还是种植这些兰花的技术，在三千年的漫漫历史中都没有发生很大变化。

1999 年，日本兰花专家神谷高树成立了中国古代兰花协会，这是一个专门研究原产中国并自古以来就在中国栽培的兰属植物的鉴赏学会。学会的名字来自孔子对春兰的著名描述，意为"王者香"。它的成立是日本对中国兰花千百年的迷恋最近的一次体现。

将兰花视作一种拥有强烈美学和精神价值的植物，日本的这一观念十有八九最初是从中国人那里继承过来的。某些中国兰花——尤其是兰属兰花——在日本园艺中享有崇高地位，而在文化领域，它们就像在中国一样经常出现在绘画和诗歌中。但是，如果据此认为日本的兰花种植传统（全世界第二古老）只是盲目地追随中国，那就大错特错了。日本的兰并不同于中国的兰。

虽然中国兰花在日本备受推崇，但受喜爱程度最高的几种［春兰、细茎石斛和白及（Bletilla striata）等不一而足］在日本也是本土植物。这不可避免地导致中日园艺传统的对象范围有一定程度的重叠，而在实践操作上也往往有类似情况。但日本也有完全属于自己的兰花种类、围绕兰花的本土传说和社会习俗、家庭栽培方法，以及堪称一种艺术形式的花艺。

由于日本民族数百年的与世隔绝，日本种植者以本土兰花为焦点，不断完善栽培技术，以精致的鉴赏力甄选品种，甚至培育出了全世界第一株人工杂交种（英国人总是爱把这一成就揽到自己身上）。当

ICONVM STIRPIVM ET PLANTARVM

Teſticulus latifolius V. Matthioli.

Teſticulus XV. ornitophorus.

Breyt Stendelwurtz.

Testiculus latifolius 和 *testiculus*

这两种欧洲本土兰花出现在海德堡草药学家贝尔格察本的雅各布·西奥多尔（又名塔贝内蒙塔努斯）去世当年（1590年）出版的著作中。虽然和早期的描绘相比，插图本身显然变得更加精确，可以更好地用于鉴定，但是这些植物使用的名字依然密切反映了它们在古代和男性生殖器和生殖力的紧密联系。

第一批洋兰在 19 世纪末引入日本时，使用传统方法对本土兰花的栽培依然继续进行着，并未受到挑战。如今它仍然是日本古典园艺的中流砥柱。

和中国不同，日本的兰花文化直到 18 世纪才有完好的文献记录。建兰（*Cymbidium ensifolium*）在日语中俗名的意思是"十三太保"。传说中名字由来的解释是，有一位天皇的妻子很长时间都被认为不能生育，却在吸入它令人沉醉的香气后怀上了一个孩子，并一共产下了十三个孩子。此类传说中经常有兰花的身影，它们还不时成为诗歌和绘画的主题。兰花还出现在《药物志》中，这暗示兰花的医药价值曾经一度以及在现今的某些时候，要高于其观赏价值。从这类线索可以大致推断出日本栽培兰花的历史已有一千年左右，因为当兰花被用于综合治疗的时候，它们很显然已经在植物爱好者的呵护下被推崇很长时间了——不但被起了名字，被深入理解，培育了新品种，甚至还专门种植在定制的花盆里。

日本草药医生松冈玄达（1668–1746年）在 1728 年出版的《怡颜斋——兰品》中首次描述了日本的兰花。松冈的文字中有很多实用性建议——例如关于种植兰属植物的：

春庇护之

夏荫凉之

秋保其湿润

冬存于干爽之处

每一种受到高度评价的日本兰都得到了描述：虾脊兰属兰花；寒兰；春兰（*Cymbidium goeringii*）；名户兰（来自名户山的兰花），即萼脊兰（*Sedirea japonica*）；风兰（*Neofinetia falcate*）；"来自石头的药物"，指的是这种植物的岩生习性和据称延年益寿的功效，即细茎石斛（*Denclrobium moniliforme*）等等。在江户时代（1603–1867 年），种植这些植物还起到指示社会阶层的作用。虾脊兰由商人养育；兰属兰花是艺术家和知识分子的最爱；细茎石斛是皇室贵族的专享；武士和军士贵族沉醉于小巧玲珑、纯白无瑕且拥有迷人香味的风兰属兰花，当需要参见幕府将军的时候，会在去往江户（今东京）的途中一路照料他们的植物。

武士们还为日本的杓兰属植物提供了日语名字的来源。花形膨大壮观的扇脉杓兰被称作熊谷草，以纪念源氏家族的勇猛武士熊谷直实。更小、花色更粉的大花杓兰叫作敦盛草，他是源氏家族的对手平氏家族的一位年轻武士，公元 1184 年在一之谷之战中被熊谷杀死。

《怡颜斋》印刷了数版，每一版都比上一版更详细和美观。它是江户时代中期出版的众多植物专著之一，这些著作描述了日本的本土植物，并配有木版画插图。兰花在每本书中都占有特别的一席之地。不过，在松冈下笔写作这本书的40年前，封闭的日本兰花界已经被打开了。

为荷兰东印度公司工作的德国医生兼博物学家恩格尔贝特·肯普弗在1689年抵达长崎。他在这里逗留了两年，其间见到了风兰、虾脊兰和石斛。在1712年出版的《可爱的外国植物》中，肯普弗对这些兰花的描述和绘画是西方首次窥视东方园艺最古老最紧密守护的秘密。西方自己的早期兰花遗产远远没有这样高洁的精神追求，不过它却被认为蕴藏着繁殖的秘密——不只是兰花，还有人类的繁殖。

洛布古典丛书中收录了亚瑟·霍特爵士翻译的泰奥弗拉斯托斯的《植物探究》，在这部巨著的第9卷第18章第3节，你会发现下面这段文字：

> 而至于和我们人类的关系，除了它们在健康、疾病和死亡方面的影响之外，据说草药还有其他功效，不但在身体层面施加影响，还会影响到精神……

省略号是原文中的而不是我加的，后面的内容本来应该是对古希腊兰花及其医药性质的描述。因为这些兰花的外形和驰名的功效，亚瑟爵士决定将这段文字删除。然而，这段缺失的文字对我们来讲是重要的，因为它标志着一个重要的时刻，从那刻起人们眼中的色情植物正式得名并沿用至今。

泰奥弗拉斯托斯出生于公元前370年左右，孔子死后约一个世纪。他是亚里士多德的学生和亲密伙伴，继承了亚里士多德雅典学园负责人的职位，并在这个职位上做了35年的杰出工作，直到于公元前287年去世。他的写作涉猎广泛，从讽刺性短文集《性格种种》到关于岩石、火、风和气味的论述，不一而足。但他最为人铭记的还是植物学之父的地位，撰写了西方植物科学的两部开山之作，《植物探究》和《论植物的原因》——无论影响是好是坏，一直到文艺复兴时期，这两部著作都是植物学相关问题的终极权威。

在他位于雅典学园的植物园中（可能是全世界第一个植物园），泰奥弗拉斯托斯获得了各种植物和植物知识。这些植物

Hvc potißimum spectant palmæ Christi vocatæ, hermodactyli, &
vulgaris ischæmi, siue dactyli Pliniani plantæ, digitatas manus
notantes, vt in superiore sede videntur; inima vero manus cum suis
digitis spectatur.

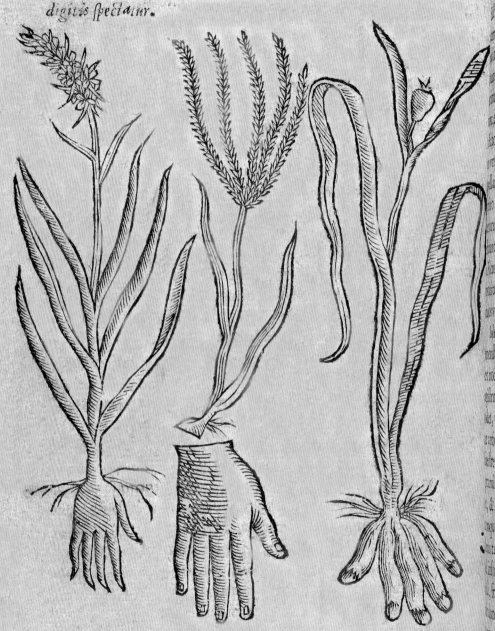

nis, & Pauli monitu vim habent ad articulorum defluxum
præcipuam. Sunt è testiculorum genere *digiti citrini* appellati

来自整个希腊化世界以及亚历山大大帝东征途中所经过的一切土地。不过进入他视线中的兰花却不是异域植物。它们就是今天所称的眉兰属和红门兰属植物，这两个属广泛分布于地中海和爱琴海地区。

以现代的眼光看来，泰奥弗拉斯托斯的研究在两个原创方面是具有科学意义的：他试图客观描述这些植物、它们的习性和生境；他为它们命名。这样做的目的是设立正式名称，实际上这是标准植物命名法的先驱；但是这些名字却以最熟悉植物的人（如草药采集者、牧人等等）使用的俗称作为基础。"orkis"就是这样一个名字。在亚瑟·霍特爵士选择不翻译的《植物探究》的段落中，泰奥弗拉斯托斯鉴定了两种orkis——orkis megas，很可能是如今我们所称的红门兰（*Orchis papilionacea*）；以及orkis mikos，几乎可以肯定就是意大利红门兰（*Orchis italica*）。

霍特忌讳orkis的原因在于，它的意思是"睾丸"——这是对许多欧洲地生兰块茎形状的形象且恰当的描述。它们或多或少呈球形，成对出现，其中一个较大，挂起来的位置比另一个稍低。从古代至早期现代，植物知识总是反映着以形补形的思想。这就是说植物的形状暗示了它们对人的特定用途。獐耳细辛属（*Hepatica*）植物有肝脏形状的叶片，被认为对肝病患者有好处。马兜铃属（*Aristolochia*）植物的花形似生殖道，因此受到助产士和为人堕胎者的青睐。这种"科学"在医师手中得到实践，并被泰奥弗拉斯托斯编入典籍，但它的本质还是民间传说。由于块茎形似睾丸，orkis不出所料地成为一种春药和增强生殖力的药物。在中国人首次赞扬了兰花的香气和优雅数百年之后，希腊人用一个更实用主义的词高度概括了它们的价值，把它们当成了植物"伟哥"。orkis这个词一直陪伴着我们，由它派生出了*Orchis*、orchid（兰花）和Orchidacea（兰科）等词汇，对于这些最纯净的

"耶稣之手"

左页图：虽然描述和插图的标准越来越接近科学上的准确和客观性，但即使到了16世纪末期，仍然会出现退步到从前充满想象的说法中的情况。例如在1588年，乔瓦尼·巴蒂斯塔·德拉波塔出版了宣扬以形补形观念的《植物之貌》，这种观念声称草药疗效的基础是人体部位与这些植物之间的相似性。左侧的插图是"耶稣之手"，如今这类兰花被称为掌根兰属（*Dactylorhiza*）。

植物来说的确是个非常粗俗的词源。

在泰奥弗拉斯托斯的著作中，这些兰花可以让任何使用它们的人在激烈漫长的性爱中拥有极好的体验。它们在古罗马时代也同样声名远扬。佩特罗尼乌斯在《萨蒂利孔》中描写了使用这些兰花的妓女。在《博物志》中，老普林尼（公元 23—79 年）描述了兰花增强活力和生殖力的非凡功效。他还提到了兰花的另一个古代名字—— serapias，这个名字来自埃及牛神塞拉皮斯（Serapis）。老普林尼死后不久，在罗马军队中服务的希腊药剂师兼医生迪奥斯科里斯在他的《药物志》中讨论了这个话题，他描述了四种兰花，并给它们起了除 orkis 之外的名字，如 priapiskos 和 staturion，这些名字本身就是对它们传奇功效的宣扬。在约翰·古迪伊尔 1655 年的译文中，迪奥斯科里斯对 orkis 是这样描述的：

> ……据说如果男人将较大的根吃下去并令女性怀孕后就会生下男孩，如果妇女吃了较小的根，就会怀上女孩。还有人说狄萨利亚的妇女用幼嫩的根搭配山羊奶服用，可刺激情欲，而如果使用的是干燥的根，则有抑制消解情欲的功能……

直到 16 世纪之前，欧洲都延续着古典时期对兰花的看法，更多地将其视为一种在性方面拥有医药价值的野生植物，而不注重其观赏性和植物学方面的价值。像地中海的近缘物种一样，西欧和北欧的许多原产兰花也有成对的球状块茎。即使是从未读过一本书的人，在听到兰花这些可怕的俗名时，首先想起的也是跟园艺毫无瓜葛的，它们与男性生殖器的相似性及其催情的功效，就更不必说那些听闻过泰奥弗拉斯托斯或迪奥斯科里斯的人了。可以理解的是，这些名字也吸引了我们的植物学传统奠基人的注意。例如，在 1561 年出版的《新植物志》中，威廉·特纳将迪奥斯科里斯的模式应用

Pl. 19.

在了英国本土兰花上，用来自全国各地的俗名来点缀自己的叙述：

> 多种兰花在拉丁语中的名字都是 *testiculus*，意为睾丸。其中一种的叶片上有很多斑点，在诺森伯兰郡被称为"蝰蛇草"；其他种类在其他郡称作"狐宝"或"野兔宝"，而且它们还可能沿用希腊人的叫法被称作"狗宝"……兰花在希腊语中还有过一个名字 *satyrion*，在英语中可能被叫作白，或"白兔囊"，更粗俗的叫法是"兔蛋蛋"……据说它能够激起男人的情欲。

同样不文雅的绰号包括"竖草"、"狗囊"、"甜坏蛋"，还有一个当时所认为的禁欲生活的脆弱性而衍生出的名字，preestes pyntel。晚至 1588 年，乔瓦尼·巴蒂斯塔·德拉波塔仍然顽固地死守着以形补形的观念。他的《植物之骨》是一部值得一提的著作，展示了植物和人体部位之间空想式的联系。在这本书里，德拉波塔不但展示了常见的睾丸和块茎之间的相似性，还展示了掌根兰属植物形似人手的块茎。它们也是欧洲兰花命名和神话传说中的一个主题，这些手指状的块茎被想象成

一系列人物的手指变形——从被抛弃的少女到被处决的罪犯再到耶稣本人。当《哈姆雷特》中的乔特鲁德王后在淹死前称呼奥菲利亚采摘的野花时，这两种类型的名字都出现了：

> 在那儿，她用金凤花、荨麻、雏菊与紫兰编制了一些绮丽的花圈。
>
> 放荡的牧人曾给这种紫兰取了一个更粗野的名字，但我们的少女们却称它们为"死人之指"。

这里有个难题。英国文学中最著名的这种兰花到底是拥有球形块茎，从而赢得了"更粗野的名字"，还是拥有指头形状的块茎呢？莎士比亚说的是红门兰属的兰还是掌根兰属的兰呢？这是个无法回答的问题。但是兰花故事的下一章节就要讲述我们通过种种努力避免此类困境的故事。毕竟随着科学和探险的进展，从莎士比亚时代欧洲所知的五十种左右的兰花，已经逐渐成为植物界最大的科。

莎士比亚的著作中植物学色彩的可能来源之一是 1597 年出版的《草本植物》，编纂者是草药医生兼园丁约翰·杰拉德（1545–1612 年）。1633 年，当托马斯·约翰逊出版修订过的第二版杰拉德《草本植

物》，至此现代植物学和园艺学作者已经记录了大约五十个物种。在欧洲大陆，这些评论家中有几位撰写的著作里已经开始出现有条不紊的现代植物学的苗头。奥托·布伦费尔斯在他的本草志《*Contrafayt Kreuterbuch*》（1537年）中，富克斯在他的《植物志》（1542年）中，马蒂奥利在他的《本草论》（1554年），还有多东斯在《植物》（1569年）中都精致而清晰地描述了欧洲的本土兰花。然而，作为莎士比亚园艺学内容的适用来源，杰拉德的兰花却描绘得很粗糙，并使用了各种名字，有拉丁语和俗名、正式名称和淫秽的绰号，而他的文字描述混杂了古典权威、个人观察和乡野村妇口中的传说。例如，对 *Cynosorchis major* 的描述如下：

> 花上有一个好像打开的兜帽或是头盔的结构，从每朵花上伸出来，花朵就像一个男性的无头身体，双臂伸展，大腿跨开。就像是图画中经常描绘的从萨图尔努斯之口中伸出的小男孩的姿势一样。

虽然在像这样的段落中，已经更多的是在讲究方法而非讲述神话，但草药医术学还没有给植物学让位。在欧洲人的眼中，兰花也没有从块茎特别神奇的当地野花发展成为来自遥远荒野之地的特别神奇的植物。造成这种情况的部分原因可能只是缺少机会（我们在大探险时代并不是很走运），还有一部分是由于分类学常识的缺乏。我们可以看出欧洲本土兰花之间的亲缘关系，也能看出它们和古希腊时代传递下来的orkis之间的关系，但成千上万种其他样貌的兰花则给予我们它们并非兰花的印象：花卉解剖学还没有成为揭示植物界自然亲缘关系的线索。

所以当杰拉德撰写他的《草本植物》时，几种异域兰花在欧洲为人所知已有将近五十年——只是人们不知道它们是兰花。它们是由于西班牙人1519年征服墨西哥而被"发现"的。其中最著名的是香荚兰。很难想象出一种比香荚兰（*Vanilla planifolia*）更不像欧洲原产兰花的植物，它是一种健壮的攀缘植物，叶片矛头形，有光泽，花大，蜡质，呈喇叭形；花色为奶油白色至淡黄色，散发强烈的香味。西班牙征服者科尔特斯本人记录了阿兹特克人将 *tliloxochitl*（即香荚兰）用于香水和巧克力的调味。这种兰花还出现在1552年出版的《巴迪亚努斯草本志》中。这是两位阿兹特克人的著作，一位是马丁·德拉科鲁兹，钻研于本土植物和疗法的医生，另

Pl. 27.

STANHOPEA MARTIANA.

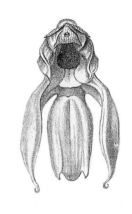

一位是熟练使用拉丁语的胡安·巴迪亚努斯。两人都在位于圣克鲁兹的大学任教，他们在这所大学里一丝不苟地记录了几乎被西班牙征服者们彻底废除的传统。

在《巴迪亚努斯草本志》中，香荚兰被推荐用来保护旅行者、为巧克力增添香味、消除恐惧、增强心智，以及（最有用的用途）减轻在政府部门工作的工人经常经历的疲惫。还有一种兰花叫作 *tsacouhxochitl*（*tsacouh* 意为"胶"，"*xochitl*"意为"花"），很可能是钟花拟白及（*Bletia campanulata*）或斑点飘唇兰（*Catasetum maculatum*）。这种兰花会被拿来用在一个叫作"*timoris microspsychiae remedium*"——治疗羞怯——的方子里。

对这些报告兴致盎然的西班牙国王菲利普二世将自己的医生弗朗西斯科·埃尔南德斯任命为西印度群岛的"第一医务官"，并将他派到墨西哥编录那里的草药。从 1571 年至 1577 年，埃尔南德斯完成了《墨西哥宝藏》，一部图文并茂、内容广博的书稿。菲利普为它加上了华丽的封面和装帧，但除此之外，在 1587 年去世前埃尔南德斯什么也没干。然后国王下令在墨西哥和罗马出版了一些摘要和片段。直到国王和他的医务官去世多年以后，在 1651 年的罗马，带全套插图的完整版本才得以出版。书中有对香荚兰的配图描述，同时使用了它的阿兹特克名字和欧洲人为它起的第一个名字，*Arico aromatico*（"芳香的豆子"）。

一些年后，vaynilla 或 vanilla 这样的名字流行起来。由 vania（西班牙语中"荚果"之意）演变而来的，意为"小豆荚"，"vanilla"让西班牙人（以及从那以后的一代代兰花种植者和厨师）免去了努力读出 tliloxochitl 的羞辱。它是唯一一种在西方世界有经济价值的兰花，而且在它被"发现"后不久，西方人开始尝试大规模种植香荚兰以进行香料贸易。和香荚兰不同，另外两种出现在《墨西哥宝藏》中的兰花没有严格意义上的经济价值。不过，作为观赏植物，

马氏奇唇兰

（*Stanhopea maritana*）

左页图：马氏奇唇兰是 1827 年由植物学家卡尔温斯基在墨西哥西部发现的，1840 年作为詹姆斯·贝特曼的收藏开花。不久后贝特曼就给它起了现在的学名，以纪念慕尼黑的植物学家卡尔·弗里德里希·菲利普·冯·马蒂乌斯。贝特曼在腐烂的树干上栽培奇唇兰，而其他种植者在陶花盆中种植都没有获得成功。直到后来才有了用板条花篮种植的方法。（上图为左页图局部）

M.S.del, J.N.Fitch.lith.

Vincent Brooks,Day & Son.Imp

L.Reeve & Co.London.

当 *Coatzonte coxochitl* 和 *Chichiltic tepetlauhxochitl* 在两个世纪后以虎斑奇唇兰（*Stanhopea tigrina*）和美丽蕾丽兰（*Laelia speciosa*）之名在英国园艺界开放的时候，它们都被认为是无价的珍宝。

我们必须感谢荷兰人向我们介绍了来自旧世界热带地区的兰花。17 世纪下半叶，印度南部马拉巴尔的荷兰总督 H. A. 冯·瑞德·托特·德拉克斯坦记录了自己管辖区域内的丰富植物。他的成果是十二卷的《印度马拉巴尔植物》（1678-1703 年），其中收录了八百多个物种，每个物种都配有相当精确的插图。其中有六种兰花，包括我们今天所称的匙叶万代兰（*Vanda spathulata*）、钻喙兰（*Rhynchostylis retusa*）和纹瓣兰（*Cymbidium aloifolium*），直到将近两百年后才进入西方人的栽培。像《印度马拉巴尔植物》中的其他植物一样，这些兰花使用的也是当地俗名。例如，钻喙兰是 Biti-Maram-Maravara；匙叶万代兰是 Ponnampou-Maravara。德拉克斯坦解释说，"Maravara" 是生长在树木枝桠的兰花名字的后缀，这是对附生植物的一种原始但准确的分类标记。

我们首次看到印度尼西亚兰花要归功于格奥尔格·埃伯哈德·郎弗安斯，他曾先后当过威尼斯共和国的雇用兵、荷兰西印度公司的水手，以及葡萄牙军队的士兵，后来在 1653 年来到荷属东印度的安汶。郎弗安斯对该地区的植物怀有极大的热情，在城中的一个花园里收集、描述并种植它们。然而，听起来仿佛是安宁的生活却历经灾难波折：他的妻子和女儿死于地震，他双目失明，最终在 1687 年，他的花园、植物和书稿都毁于一场火灾。尽管如此，他仍然不屈不挠，1702 年去世时已经几近完成了自己伟大的植物志《安汶植物》。作为郎弗安斯的遗著在 1741 年至 1755 年出版，这部著作记载了 1200 个物种，有两卷是专门记录兰花的。

他的发现之一 *Angraecum album majus*，就是今天所称的蝴蝶兰（*Phalaenopsis amabilis*），后者是它 1825 年被卡尔·路德维格·布

香荚兰

（*Vanilla planifolia*）

左页图：或许是最后一种拥有经济价值（而不是纯粹的观赏价值）的兰花，香荚兰于 16 世纪初从中美洲抵达欧洲。虽然我们如今将它视为一种食物风味的来源，但在长达三个世纪的时间内，无论是在其原产地还是在欧洲，香荚兰都是一种拥有各种神奇功效的草药，据信能够治疗忧郁、阳痿和歇斯底里、风湿、月经问题和癫痫。

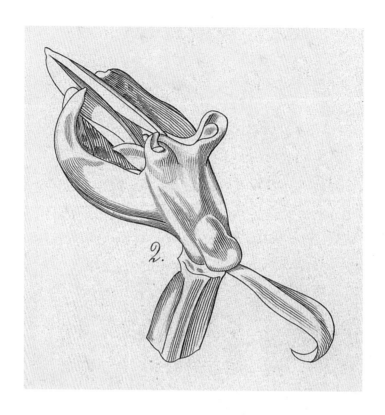

网脉萼距兰〔*Disa uniflora*，异名 *Disa grandiflora*〕

1767 年，这种南非兰花兜帽状且有精致脉纹的背萼片让植物学家贝吉乌斯将其命名为萼距兰属，以纪念神话传说中的一位瑞典王后，据说这位王后是全身包裹在渔网里来到斯维王面前的。在分布于非洲和马达加斯加的萼距兰属大约 130 个物种中，网脉萼距兰是最著名的——它是开普省的标志性植物。

W. Fitch del.ⁿ   Pub. by S. Curtis Glaenwood Essex, March 1 1844   Swan Sc.

卢姆重新发现后才接受的命名。这种兰花从此成为兰花搜集者和杂交育种者的心头好，后来又深受花商和室内设计师的青睐。更有先见之明的是郎弗安斯对兰花生殖解剖学虽然基础但极具革命性的理解。

对于伟大的瑞典植物学家林奈（1707—1778年）来说，格奥尔格和瑞德的洞见（体现在《马拉巴尔植物》和《安汶植物》这样图解精确的伟大著作中）都是至关重要的材料来源。植物学的目光不再局限于欧洲，此时它的研究对象已经扩展到了全世界的植物。面对全新的植物界，林奈提供了安全便捷的进入方式，他设计了一套根据植物性器官数量和比例的分类系统，可以应用在任何植物上。更持久的贡献在于，他是植物双名命名法的先驱，他提出的方法我们沿用至今，只做了一些修饰。双名法只需要两个单词，属名和种加词——例如，原来冗长的*Angraecum album majus*就被*Phalaenopsis amabilis*取代了。林奈在《植物种志》（1753年）中提出了双名命名法。从兰花爱好者的角度来看，这一里程碑式的著作收录的兰花物种数量比之前任何一部书都多——多达来自全球的60个物种。林奈并未怀疑这只是很小的一部分样本。不到一百年后，约翰·林德利在他的《兰科植物种属志》（1830—1840

年）中描述了当时已知的所有兰花，共有1980个物种。最后，这个数字也被认为是保守的——应该乘以13。

虽然以稀有著称，但兰花所属的兰科可能是植物界最大最多样化的科。兰科拥有将近1000个属，物种数量超过25 000个——全世界开花植物物种数量的将近1/10。在数量方面，唯一能和它们匹敌的只有菊科（Compositae，或Asteraceae），也常常被说成是植物界最大的科，有大约1550个属和25 000个物种。这两个科的成功取决于它们各自不同的进化动态。菊科植物如蓟、蒲公英和千里光是植物界的大型播撒机，在广袤的地区中，以几乎相同的方式，精准而成功地传播开来。兰花则恰好相反，它们是已经进化并仍在进化的生态位争夺者、千姿百态的机会主义者，想尽办法利用千差万别的多种生境，吸引为它们授粉的昆虫。兰花都是专家。

它们可能生长在野外的几乎每种陆地环境下，甚至是对植物生命极端不友好的环境。泉女兰属（*Arethusa*）、美髯兰属（*Calopogon*）和萼距兰属（*Disa*）在生长时会把它们的"脚"伸进新鲜（或陈腐）的水里；火烧兰属（*Epipactis*）的几个物种生长在沙丘和含盐碱的洞穴中。有几个属的兰花生长在极为茂密的森林里，以至于阳光几乎照射不到它们（正如我们看到的，它们不需要光）。从落基山脉到喜马拉雅山脉，最暴露的山峰峭壁到最开阔的高山草原通常都会有属于自己的兰花植被。在经历严重季节性干旱的澳大利亚和非洲南部地区，兰花可能是一种最稍纵即逝的野花，在雨季短暂开花后就以休眠块茎的形式再次消失在地下。即使是在墨西哥最干旱的地区，围柱兰属（*Encyclia*）和文心兰属（*Oncidium*）也会生长在仙人掌的树干上；而美冠兰属（*Eulophia*）在非洲的半荒漠地区生长得十分茂盛。炎热绝不是兰花生存的必要条件，它们大量分布于气候较为冷凉的地区［例如，布袋兰（*Calypso bulbosa*）生长在北极圈内，绿鸟兰（*Chiloglottis cornuta*）的足迹远达火地岛］。不过大约90%的兰花都分布在亚热带和热带地区，而到目前为止，也正是这些物种引起了兰花搜集者和育种者最广泛的关注。

为了应对生活环境提出的挑战，每种兰花的生长方式中都蕴含着各自的适应性解决方案。在最基本的层面，这些解决方案都可以归入四种生长习性中的一种：地生、附生、岩生和腐生。

像大多数高等植物一样，地生兰的根系生长在土地里。除了这一点之外，地生兰是一种迥然不同的植物类群，分布于全世界的各个气候区：从沼泽到山区，从雨林到干旱的陆地，生境类型非常多样。它们表现出了极为丰富的生长模式：成簇生长的叶片［就像兜兰属（*Paphiopedilum*）那样］，假鳞茎（虾脊兰属），块茎（红门兰属），粗厚且埋于地下的根茎［杓兰属和头蕊兰属（*Cephalanthera*）］，肉质匍匐根茎［斑叶兰属（*Goodyera*）］，丛生且细长的茎［折叶兰属（*Sobralia*）、笋兰属（*Thunia*）］，以及至少最初固定在土地中的攀缘茎（香荚兰属）。虽然也有很多亚热带和热带地生兰，但这种生长习性在较高纬度的兰花中最常见。例如，原产英国的五十种左右兰花都是地生兰，除非我们把谷地兰（*Hammarbya paludosa*）算成是附生兰。这种体态小巧、开绿花的物种是用林奈挚爱的家和花园的名字命名的，生长在泥炭藓上而不是泥炭藓中。大多数附生兰会挑选较大的宿主，通常是树木。

附生植物（epiphtyes，来自希腊语，epi意为"在其上"，phtye为"植物"）就是生长在其他植物上的植物。不过附生植物并不剥夺宿主的营养——附生植物不是寄生虫，它们只是在高处寻找生长位置的植物。然而，即使是汉斯·斯隆爵士这样杰出的植物学家也没有意识到附生兰的

Florence H.Woolward del et lith 1892

MASDEVALLIA COCCINEA *Lindl.*

雪鸟尾萼兰

（*Masdevallia coccinea*）

以西班牙植物学家兼医生何塞·马斯德瓦尔之名命名的尾萼兰属有大约 350 个物种，分布于中南美洲。它们几乎都是小型或低矮植株，生长在高海拔的乔木和岩石上。它们的花呈三角帽似的盾状，由 3 片鲜艳、锐利的萼片组成，萼片中央是不显眼的花瓣和唇瓣。雪鸟尾萼兰生长在哥伦比亚和秘鲁海拔 2400 米至 2800 米的地方。除了最典型且壮观的猩红色类型，还有红宝石色、洋红色、浅玫瑰色、白色、奶油黄色、桃色和深红色等变种——例如，以伟大的兰花种植者哈利·维奇爵士命名的哈利雪鸟尾萼兰（*M. coccinea* var. *harryana*）。

长尾尾萼兰

（*Masdevallia macrura*）

右页图：原产哥伦比亚和厄瓜多尔，长尾尾萼兰的外表有些不同寻常。然而，它触须状的长尾、闪闪发光的赭石色脉纹和半透明的栗色瘤传递出的邪恶美感正是尾萼兰爱好者所追求的。

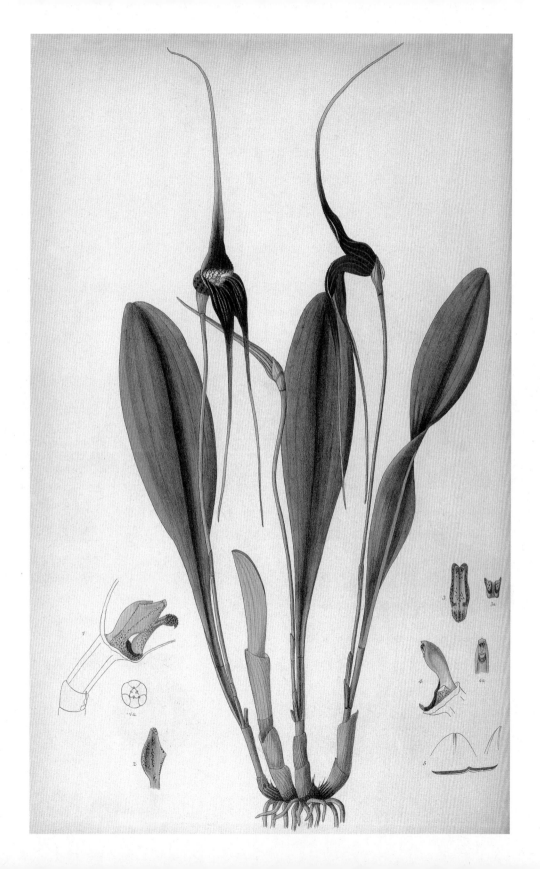

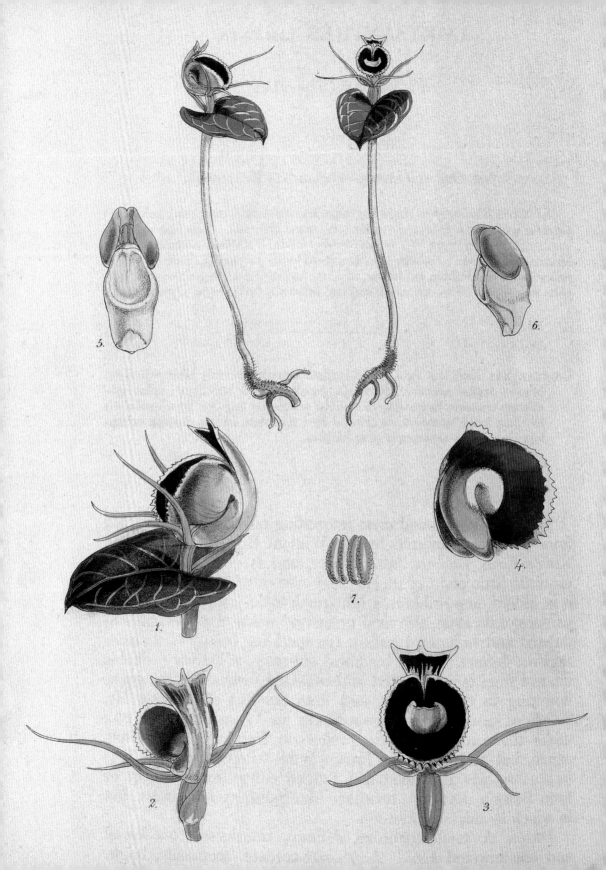

无害性，他在 18 世纪初对来自牙买加的附生兰进行了分类鉴定，将心叶柏拉兰（*Brassavola cordata*）、红花布劳顿兰（*Broughtonia sanguinea*）和浅黄文心兰（*Oncidium luridum*）这三个物种归在了槲寄生属（*Viscum*）下。将近三百年后，兰花搜集者休·莱尔德依然能回忆起当地向导对他发现附生兰的喜悦之情的困惑，对于他们来说，这些植物只不过是"寄生植物"而已。

附生兰生长在树上是为了寻找光照、水和营养，如果不这样做，森林茂密的树冠和林下叶层会把所有一切资源都挡得严严实实。它们会用有附着力的根紧紧抓住宿主的树皮，或者用茎和根茎紧抱宿主，从而暴露在最佳的光照和降雨条件下——雨水不只是提供水分，而且还会溶解植被残渣和动物粪便中的矿物质营养，供附生兰使用。

作为潮湿热带和亚热带地区的标志性现象，附生生活表现在多种植物上，包括蕨类、天南星科植物和榕科植物。对于凤梨科（Bromeiaceae）和兰科的植物来说，这是在竞争激烈的森林中生存的必备本领，这两个科中超过一半的物种都是附生植物。在中南美洲的森林里，这两个科的物种常常生长在一起，在宿主的树干上长成茂密的群落，就像一个个大树上的花园。虽然大多数附生兰偏好很高的空气湿度，但它们的踪影绝不只限于雨林和云雾林。在热带城镇，它们可能长在木结构建筑上，装饰着围篱桩和电线杆，在海滨红树林的树冠和裸露的树根上大放异彩，为最开阔的平原上的枯瘦树木和仙人掌增添一抹绿色。

1836 年，在里约热内卢附近的卡维亚山上探索的兰花猎手乔治·加德纳发现了一个在 1818 年就被认为早已灭绝的物种的栖息地："在这座山的岩壁上，我们在数百英尺的高度观察到了一些大片大片生长的大花兰科植物，它们在巴西很常见。它硕大的玫瑰色花非常显眼，但我们够不到它们。几天后我们在一座相邻的山峰上

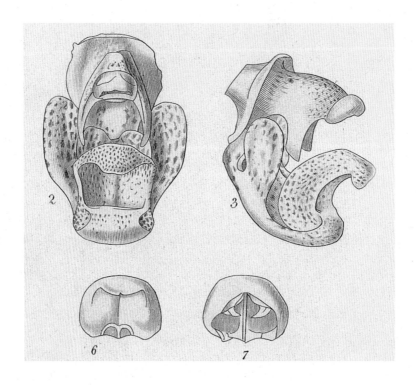

垂花鸽兰

（*Peristeria pendula*）

分布于委内瑞拉、秘鲁、巴西和苏里南的鸽兰是一种壮观的附生兰，有肥厚的蜡质花。鸽兰属这个名字来自希腊语单词peristerion，意思是"小鸽子"，形容的是这种花的合蕊柱和唇瓣的水平裂片，姿态就像一只飞行中的鸽子。这种相似性在胡克命名的该属第一个物种上体现得更明显：1831年得到命名的鸽兰（*P. elata*）拥有雪白的花朵。1836年命名的垂花鸽兰上有明显的豹纹。

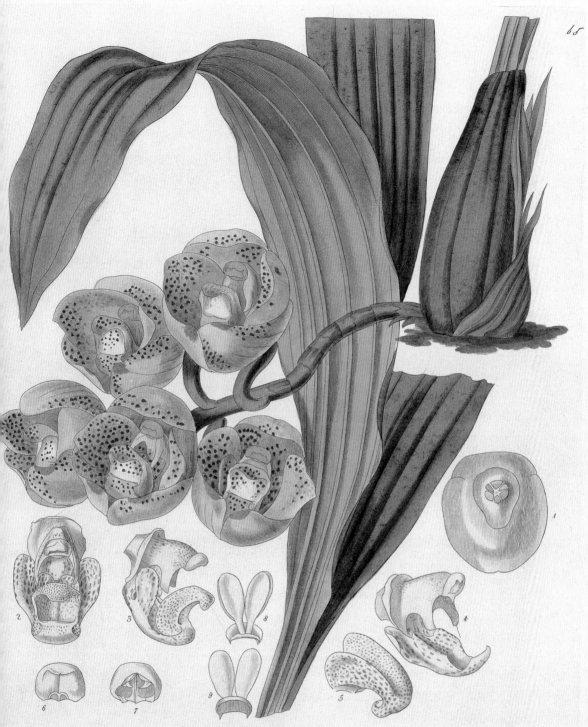

65

V. Bartholomew Esqr. ass. of the Soc^y. of Paint. in W. Col. del^t.

Pub. by S. Curtis. Glazenwood. Essex. Apr. 11 1836.

Swan Sc.

Peristeria pendula

发现了它，并确认它就是卡特兰。生长在卡维亚山上的那些兰花将继续生活下去，远在贪婪搜集者的能力范围之外。"

加德纳发现了一种岩生兰。像附生植物一样，岩生植物（lithophytes，来自希腊语，litho 意为"岩石"，phyton 是"植物"）之所以寻找位置更高的栖息地，也是为了避免地上的浓荫或其他不宜环境中的竞争压力，只不过它们找到的不是大树，而是岩石。对于一些兰花来说，这种策略具有非常独特的优势，例如生活在石灰岩断崖上的巨瓣兜兰（*Paphiopedilum bellatulum*），它对碱性基质有显著的偏好。岩生植物的生长环境也不局限于天然岩壁和岩缝。例如 1870 年，兰花搜集者贝内迪克特·罗兹尔在危地马拉托托尼卡潘的一座小教堂的屋顶上发现了另一种著名的卡特兰属植物，白花卡特兰（*Cattleya skinneri* var. *alba*）。它很可能是印第安人放上去的，在外来神祇的殿堂上种植一株象征他们的神灵的植物，也算得上是一种平衡。岩生兰也会在更原始的岩石建筑上繁茂生长——例如，马丘比丘古城的印加帝国遗址有很多盛开朱红色花的维奇氏尾萼兰（*Masdevallia veitchiana*）；而另一种原产秘鲁的皮尔斯氏美洲兜兰（*Phragmipedium pearcei*）喜欢溪流冲刷的大岩石。

最后这两种兰花——云雾缭绕的维奇氏尾萼兰和水流潺潺的皮尔斯氏美洲兜兰都不会面对水分问题。然而很多附生兰和岩生兰都因为根暴露在空气中而承受着明显的生活劣势：每年至少有一些月份没有充足的水，无论是降水还是空气中的湿度都不足。我们能够看出，这是它们在一系列特殊适应过程中遇到的挑战。

最后一大类兰花的生长习性同时回避了对光照和矿物营养需求的问题。这一类型的所有兰花，至少是野外生存的兰花，都依赖和真菌的共生关系。真菌为微小、匮乏营养且缺少保护的兰花胚胎提供生命必需的营养物质，可以帮助兰花种子萌发。成年兰花也会从菌根共生中受益：根系真菌降解有机质，为植物提供营养。反过来，真菌会得到兰花在光合作用中生产出的糖。地生兰许多物种的幼苗在生命早期部分阶段是以地下原球茎的状态存在的，这种埋在土里的球状生命体没有叶绿素（自身生产食物的必备工具），依赖共生真菌才能存活。在大多数情况下，这些原球茎会通过长出暴露在空气中的茎叶并进行光合作用，来打破对真菌的完全依赖。但是对某些兰花而言，这种因为在地下缺少光线而黄化的、不劳而获的生活却是终生持续的过程。

腐生植物（saprophytes，来自希腊语，sapro是"腐烂的"，phyton是"植物"）只从死亡和腐烂的有机质中吸取营养。这种不正常的营养来源方式需要共生真菌来起输送传递的作用，这些生物和腐生兰在某些方面类似：缺少叶绿素，由肉质、颜色怪异的组织构成，生命周期的大部分时间都处于黑暗中，只在需要繁殖的时候才现身。最为人熟知的腐生兰生活在欧洲和北美茂密森林的枯枝落叶层。珊瑚兰属（Corallorhiza）和鸟巢兰属（Neottia）都得名于它们成簇生长的肉质"根"（实际上是大量细长组织，共生有机体渗透其中）的怪异外表。虎舌兰属（Epipogium）缺少任何类似根的器官，它的俗名则来自兜帽状的半透明白色花朵（英语中翻译过来的意思是"幽灵兰"），开放时间极短暂且不可预测，仿佛魅影般飘忽于榉树林深处。和这些北温带的腐生兰不同，西澳大利亚的地下兰（Rhizanthella gardenri）喜欢更开阔且干旱的环境，生长在具钩白千层树（Melaleuca uncinata）的根系之间；但是地下兰完全避免光照，整个生命周期（包括开花和结果）都位于土壤表面之下。并不是所有腐生兰都隐匿得这样深。

来自东亚的山珊瑚兰属（Galeola）会长出扭曲的黄褐色茎，就像中了毒且没有叶片的树藤一样向上攀爬，高高地扎进周围的树木中。这些茎上开着蜡质花，然后结出珊瑚红色的豆荚状果实。在20天内可以长到20米高，山珊瑚兰堪称全世界最高也是生长速度最快的兰花［最粗大的兰花则是来自东南亚的一种非腐生兰，巨兰（Grammatophyllum speciosum）］。

由于在其中生长的生态系统难以效仿，而且所依赖的共生关系十分脆弱，因此腐生兰几乎不可能进行人工栽培。从野外挖掘的植株可能在花园里存活一小段时间，然后就会死掉。大到足以容纳数英亩林地的园子也许能生长"野生"腐生兰，但人工种植的尝试通常都以失败告终。然而，最近日本种植者已经在花盆里成功栽培了原产日本的腐生兰天麻属（Gastrodia）植物。[1] 诀窍是像对待未成熟的兰花幼苗那样对待它们，取代通常情况下在蔗糖和肥沃营养条件下通过共生关系维持的食物供应方式。

除了这些栖息地分类之外，每个兰花物种都会遵循合轴生长或单轴生长两种生长模式中的一种。合轴生长的兰花

---

1 编注：目前我国的天麻人工栽培技术已经十分成熟了。

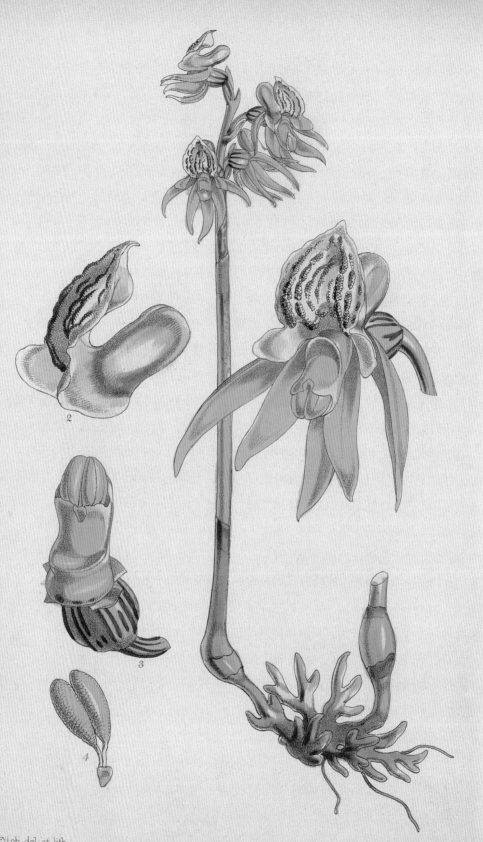

有两种茎：水平生长并长出根系的根茎，以及沿着根茎间断抽出并生长叶和花的气生茎。根茎可能埋在地下，如火烧兰属等地生兰；半埋的，如血叶兰属（Ludisia）蜿蜒的茎，既是气生茎也是根茎；或者是暴露在空气中的，如卡特兰等附生兰和岩生兰。气生茎可能极短，好像并不存在，根茎也可能同样被压缩——例如，宝丽兰属（Bollea）、洪特兰属（Huntleya）和鸢尾兰属（Oberonia）扇形丛生的叶片，以及兜兰属（Paphiopedilum）和美洲兜兰属（Phragmipedium）。在尾萼兰属（Masdevallia）和小龙兰属（Dracula）中，茎较长且丛生，每根茎上都长出一片狭窄的肉质叶，叶腋间抽生一朵花。在其他属中，气生茎以更醒目的方式生长在一起，类似芦苇或竹子，茎的上下都长着叶片，顶端开花——如竹叶兰属（Arundina）和折叶兰属（Sobralia）。但目前看来，合轴兰花气生茎最常见的模式是它们所独有的一种储水结构，假鳞茎。

虽然膨大的外表和储藏功能都很像鳞茎，但假鳞茎其实是加粗的气生茎，可以进行光合作用，并生长叶片和花。这些器官的形状非常多样：梨形、卵形、圆柱形、球形、葡萄形、盘形或长颈烧瓶形。它们的大小差异也很大。在纤小石豆兰（Bulbophyllum odoardii）中，桶状假鳞茎只有 1.5 毫米长，使得这个来自婆罗洲的物种成为全世界最小的兰花。与此同时，来自新几内亚的斑被兰（Grammatophyllum papuanum）的杆状假鳞茎有长达 5 米的记录。在兰属和鹤顶兰属（Phaius）中，假鳞茎会被紧密重叠的叶基完全掩盖。

考虑到在高树上或岩壁上生活的窘况，兰花的假鳞茎是一种非常高效的结构，可以最大化地利用所有能接触到的水，并在植物不得不放弃叶片的情况下继续生产食物。在每个假鳞茎的基部可以找到 1 个或 2 个营养芽。主假鳞茎（植株长出的最后一个假鳞茎）基

裂唇虎舌兰

（*Epipogium aphyllum*）

左页图：腐生兰缺乏叶绿素，不通过光合作用生产食物，而是依靠与生活在腐烂植物质上的真菌的共生关系获取食物。腐生兰的颜色常为蜡黄色，且呈半透明状。它们的生长环境幽深难见，在地上出现的时间转瞬即逝，难以捉摸。因此，这种营腐生生活的裂唇虎舌兰在整个欧亚大陆北方都被叫作"幽灵兰花"等类似的名字。它怪异的美无法人工栽培，也很难在野外发现。

ANGULOA CLOWESII Lindl.

摇篮兰

（*Anguloa clowesii*）

左页图：1841 年，出生于卢森堡的
植物猎手让·林登受一群英国兰花
种植者的委托，前往委内瑞拉和哥
伦比亚为他们搜集植物。在他运
回来的植物中，有一株开硕大的
金色蜡质花，散发浓郁的巧克力和
冬青气味。这株植物开花时收藏它
的是林登的赞助者之一，曼彻斯特
的约翰·克洛斯教士，因此得到了
*Anguloa clowesii*这个学名。这种植物
的直立杯状花朵让它被称作"郁金
香兰花"，而内曲的花瓣又给它带来
了"摇篮兰"的绰号。

秀丽兜兰

（*Paphiopedilum venustum*，
异名 *Cypripedium venustum*）

1860 年代，罗伯特·华纳曾如此描
述这种漂亮的兜兰："现存的这株植
物是我们暖室里的老居民了，它是
1816 年从尼泊尔引进的，而且是第
一批来到欧洲的印度物种之一……
它将安全无恙地站立在普通温室
里，或者成为客厅里的装饰，带有
大理石斑纹的有趣叶片和兜状或拖
鞋状唇瓣散发出迷人的魅力。"

Cypripedium venustum

斯蒂尔氏鞭叶兰
（*Scuticaria steelei*）

右页图：斯蒂尔氏鞭叶兰所
属的鞭叶兰属共有 5 个附生
兰物种，分布于南美洲。其
中最著名的物种呈显著的下
垂式生长，生气勃勃的鲜艳
花朵开放在一帘纤细的叶片
顶端。纤细的叶片是该属拉
丁学名的来源——它的词源
是 *scutica*，意思是"鞭绳"。

部的某个营养芽会在下一个生长季发育。如果兰花物种从基部或侧部（假鳞茎基部附近）开花，则会进一步出现将发育成花的芽。在假鳞茎较老的情况下，其中一个营养芽是保险储备，只有主假鳞茎死去的时候才会激活启动。这些休眠假鳞茎被称为"背生鳞茎"，可以从母株上摘除并诱导生长，这是兰花的一种繁殖方法。

陆生合轴兰花还有其他更传统的储水器官类型——例如，赋予红门兰属及整个兰科植物名字的睾丸状块茎，以及杓兰属的肉质簇生根。作为模仿界的大师，拟白及属和虾脊兰属兰花的地下假鳞茎和鸢尾科物种的球茎极为相似。

单轴生长的兰花只有一种茎——那就是气生茎，而且至少在理论上可以通过茎尖端的不断生长无限延长。单轴兰花的茎通常较细，有坚韧的内部纤维组织。随着植株年龄的增长，茎基部会略微"木质化"。它们的叶片常常沿着茎生长成两列。然而，在某些单轴生长的属中，茎会极度缩短至几乎消失的一点，就像蝴蝶兰属那样，它的生长轴极短，包裹在叶片基部中。而在不生长叶片的异唇兰属（*Chiloschista*）中，茎只是可进行光合作用的根的结合点。

单轴生长是兰科万代兰族（*Vandeae*）的特性，该类群包括细距兰属（*Aerangis*）、武夷兰属（*Angraecum*）、风兰属（*Neofinetia*）、蝴蝶兰属和万代兰属。在所有这些植物中，茎只可能在基部或叶腋分枝，而大部分根都是从植株基部附近和茎上长出的不定根。花也是从叶腋中横向长出的，而合轴兰花的花则是从植株基部或茎腋水平抽生，或者生长在茎或假鳞茎的尖端。

跟这些离经叛道的植物的其他器官一样，兰花的根也有很多独特的适应性特征。其中最引人注目的就是许多附生兰和岩生兰的粗厚气生根。它们的表面覆盖着一层浅色的海绵状组织，叫作根被。可以理解的是，大多数植物学家过去都认为，这种看起来

SCUTICARIA STEELII.

J.Nugent Fitch imp.

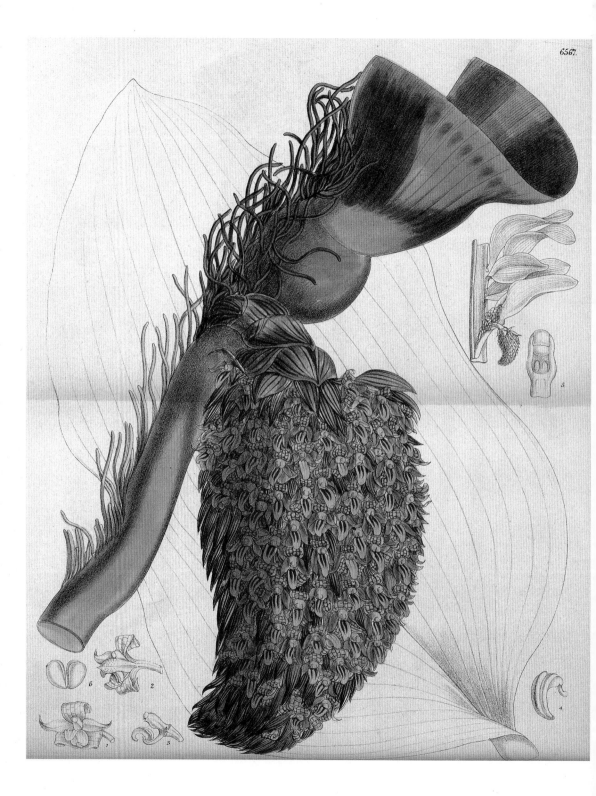

孔隙度很高的根套是用来从降水和大气水汽中吸收水分的。然而现在看起来并非如此：被的作用主要是保护，它的栓质内组织将线状的根芯隔离起来，而珍珠质的外层可防止阳光灼伤和脱水。事实上，拥有明显根被的物种，只有根尖本身才能吸收足够的水分供兰花生存。

在活跃的时候，许多附生兰和岩生兰的根尖都是鲜绿色的，这表明它们有进行光合作用的功能。它们还极具探索性和附着性，四处伸展着寻找兰花可以占据的合适表面，并紧紧抓住它们。随着根尖的伸长，它最后面的部分就会硬化、变平并包裹根被，新生的根被也起到黏合剂的作用，将植株固定在生长位置上。

大多数兰科植物的叶片都有一两个共同点。许多兰花叶片的尖端都有一个小凹口。在很多附生兰和岩生兰物种中，叶片有一层蜡质细胞层包被，其作用是保存水分。此类兰花的叶片往往是肉质的，而且就像其他科的多种多肉植物的叶片一样，在一天当中最热的时候关闭气孔以节约水分，在凉爽的夜晚打开气孔进行蒸腾作用。

除了这些观察结果，对兰花叶片进行一般化归纳并不比对它们的花进行一般化归纳更容易。兰花可能是落叶性的、常绿的，或者就像我们已经看到的那样，根本没有叶子。那些有叶子的兰花（绝大多数）长出的叶片尺寸范围是从 1 毫米至 2 米，质地多样，从粗厚肉质或坚韧革质，到透明轻薄，像广东绉纱一样纤弱。它们的形状从像小黄瓜至像大翎毛千变万化，可以是心形、带状或伞形；质地可以是从光滑到丝质，从布满褶皱到具瘤或毛。

我们通常不认为兰花的叶有很高的观赏性，不过一些物种的叶的确非常漂亮。秀丽兜兰（*Paphiopedilum venustum*）和彩云兜兰（*P. wardii*）等兜兰的叶片有深墨绿色和铅灰色构成的蛇皮状斑纹。在巨瓣兜兰（*P. bellatulum*）及其近缘物种紫点兜兰（*P. godefroyae*）和白花兜兰（*P. niveum*）中，叶片上面覆盖着一层绿

贝克石豆兰

（*Bulbophyllum beccarii*）

左页图：1881 年，约瑟夫·道尔顿·胡克这样描述自己的观察结果："贝克石豆兰超越所有其他兰花——或许是所有其他植物——的一点在于花朵的奇臭，令人恶心到难以描述……虽然这里的插图是在通风房间内一扇打开的大窗户旁画的，但画家（玛蒂尔达·史密斯）时不时被它的强烈气味弄得难以忍受，而且最终很是难受了一段时间。"拥有超过 1200 个物种的石豆兰属是兰科最大的属之一，而这个来自婆罗洲的物种又是其中最大和最奇怪的之一。它是由托马斯·洛布在 1853 年发现的。

色的苔状装饰。还有一些同样来自东南亚的，一些最精致的蝴蝶兰也值得为纯粹观赏叶片而栽培——尤其是西蕾丽蝴蝶兰（*Phalaenopsis schilleriana*）和小叶蝴蝶兰（*P. stuartiana*），它们都有铜绿色的叶片，银色的斑点闪烁其间。

在厄瓜多尔和哥伦比亚的云雾林深处，长满苔藓的树枝上还生长着一种不常见的微型附生兰，美丽网斑兰（*Lepanthes calodictyon*），它纤弱的茎上生长着盘状叶片。它们有着天鹅绒般的碧绿色，表面布满渐融效果的巧克力棕色网纹。某个马来西亚物种的叶色也有类似的朦胧效果——青铜粉色的叶面上布满板岩蓝灰色网纹。因此它的植物学学名是美丽云叶兰（*Nephelaphyllum pulchrum*），拉丁名的意思就是"漂亮的云叶"。

鹤顶兰（*Phaius tankervilleae*）以欧洲种植的第一批异域兰花之一而著称，还有黄花鹤顶兰（*P. flavus*）在它的原产地东亚同样出名。而且这并不是没有原因的——它不但在高高的花葶上开着有香味的硫黄色花朵，还有形状优美并带有褶皱的深绿色叶片，上面点缀着铬黄色斑点。和鹤顶兰属亲缘关系很近，原产日本南部的疏花带唇兰（*Tainia laxiflora*）有带褶

皱的孔雀石绿色叶片，模糊地点缀着紫铜色斑纹，像是在（不尽如人意地）模仿某种华丽的猎禽。红门兰属和掌根兰属（*Dactylorhiza*）几个欧洲物种的叶片上有深栗色斑点——很久之前就被人们想象成是耶稣流在十字架上的血滴落而成的。沼兰属（*Malaxis*）（北欧博物学家熟悉的另一个属）的几个远东代表性物种有色彩异常鲜艳的叶片。例如，铜江沼兰（*Malaxis metallica*）的叶片是光彩夺目的泰尔红紫色。

最后这个物种在日本尤其受欢迎，那里的本土园艺传统对拥有奇特叶片的兰花甚至对比拥有美丽花朵的兰花更重视。叶片拥有杂色彩斑，质感或形状奇特的寒兰、春兰、细茎石斛和绶草得到数以千株的栽培，售价可达十万日元甚至以上。不过最珍贵的还是"富贵兰"，这是日本原产的带有的彩斑和其他突变类型的风兰的统称。有一株"富贵兰"是目前最昂贵的兰花，售价高达一株一千万日元（大约58 000英镑）。它的名字是"棕熊"，株高只有8厘米，橄榄绿的叶片上泛着青铜的颜色，根尖像宝石一样鲜红。

虽然"富贵兰"非常名贵，但就叶的种类和美丽来说，它们还比不上一个更加

低调的属：斑叶兰属（Goodyera）。它们都是小型植株，肉质根茎匍匐生长，花莛细长，花大部分情况下都很小且颜色暗淡。椭圆形的薄肉质叶上常有漂亮的银色或白色脉纹，因此花和叶形成强烈的反差。在斑叶兰属及其近缘物种中，叶片表面覆盖着无数乳突细胞，赋予它们闪闪发亮的外表——所以它们的日本名字叫"绸缎兰"。甚至，这些天然已经有"彩斑"的植物还有彩斑类型。这些兰花在日本被称为"织锦兰"，它们是斑叶兰（Goodyeras chlechtendaliana，叶片有典型的浅绿色光泽，雕琢有青灰色脉纹）等物种的突变，叶片上有大理石似的雪白斑纹，叶面弥漫着金色，点缀鲜艳的绿黄色斑点。

斑叶兰属兰花是分布范围最北的宝石兰（jewel orchids），这是由多个属组成的一类兰花，以其精美的叶而闻名，它们的花（如果有的话）出现时，也会被兰花种植者掐掉花蕾，因为花并不美观，而且还耗费植株的营养。此类兰花最美丽的物种分布在亚洲亚热带和热带地区以及印度洋和太平洋的岛屿，生长环境浓荫高湿。

和斑叶兰属一样，开唇兰属（Anoectochilus）、血叶兰属（Ludisia）和长唇兰属（Macodes）也拥有薄的肉质叶，呈椭圆至心形并有绸缎光泽。它们的颜色从乌黑至栗棕色、黄铜色和青铜色，以及从绿黄色至翠绿色和血红色，表面还有金色、银色或红宝石色脉纹构成的复杂纹路。

宝石兰丰富且极具艺术感的色彩，再加上它们在森林中最不宜居的地方雨后春笋般涌现（并以同样快的速度迅速消失）的能力，有时会让在它们的原产地获得近乎超自然的崇高地位。例如，在印度南部和斯里兰卡，人们曾经相信王开唇兰（Anoectochilus regalis）的叶片是林中仙子纱丽的碎片变化而成——有人闯入森林里的时候，这些仙子逃走时身穿的纱丽被障碍物钩破留下的碎片。在开唇兰生长的地方都流传着这个传说的各种版本，传说中常常将这些难以捉摸的兰花与林中精灵或幽灵联系起来，而且它们一看见人的踪影就立刻消失不见了。让历代兰花种植者恼火的是，大多数宝石兰（杀不死的血叶兰属除外）在栽培中同样无常易逝。

然而，有一种最艳丽的宝石兰却和人类有更积极的联系。它就是长唇兰属的电光宝石兰（Macodes petola），它的叶片上有清晰的脉纹或图案，看起来极像原产地爪哇岛的本地文字手稿，所以它的名字在当地语言中的意思是"书写纸植物"或

"文字植物"。在（当时的）荷属东印度的安汶岛上首次记录它时，植物学家乔治·埃伯哈德·郎弗安斯（1628-1702 年）提到了它的俗名 *daun petola*，这个名字至今仍部分沿用在该植物的拉丁学名中。当地人会将它们的叶片制成洗眼水，用在正在学习识字的人身上。对于准作家和学习文学的学生，则会使用叶片煎煮而成的汁液，这样的效力更强。

这些就是兰花大家族的一些基本特征、生长习性和生存策略。它们揭示了兰花在进化过程中令人吃惊的灵活性。其中的一些区别，如附生和地生，或有假鳞茎和无假鳞茎，也是兰花种植取得成功的关键。但它们并不是在分类学上有意义的区分，在面对"为什么所有这些形态各异的植物都被当作兰花呢？"这样的问题时，它们也帮不上什么忙。兰花庞大的物种数量、千变万化的多样性和遍及全球的分布范围都已被人类探明，但这个问题依然存在："到底什么是兰花？"

在最宽泛的意义上，兰花是多年生草本植物，属于单子叶植物亚纲（Monocotyledonae），开花植物的两大亚纲之一，另一个亚纲是双子叶植物亚纲（Dicotyledonae）。单子叶植物的特征可以粗略归纳为有一枚子叶，叶脉多为平行脉，没有维管形成层，维管束分散或分布于两个或更多环中，花部基数为 3，极少数情况下为 4 和 5。单子叶植物包括天南星科植物、棕榈、禾草、鸢尾、孤挺花和百合等。兰花与最后三类植物的亲缘关系或许是最近的，而且它们常常被归入同一个总目百合总目（Liliiflorae）内。

兰花本身属于兰目（Orchidales），该目只有一个科，兰科（Orchidaceae）。在所有类百合植物中，它们是进化速度最快的类群，而且是最后在人类面前呈现出千姿百态伪装的类群。但并不是所有兰花都是新出现的植物。化石证据（拥有柔软组织的生

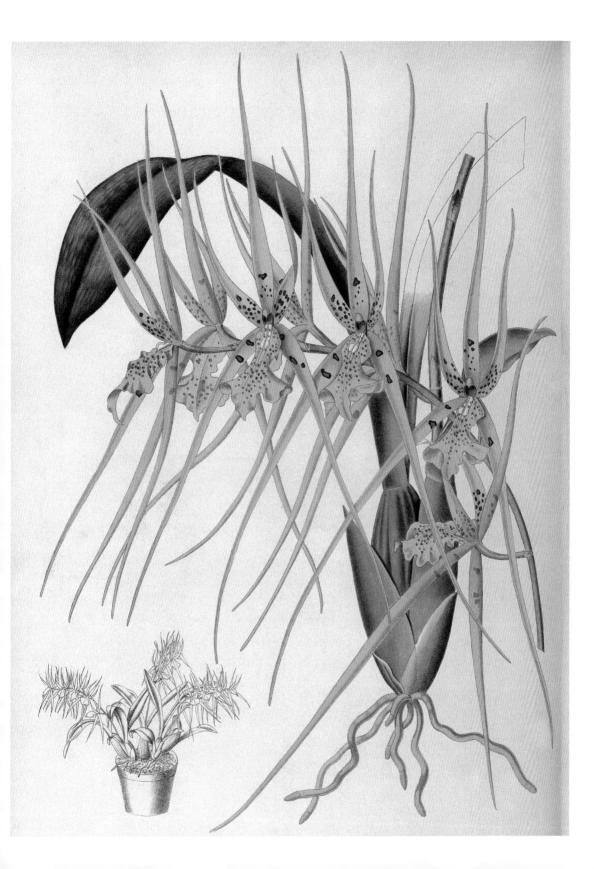

PL. 26.

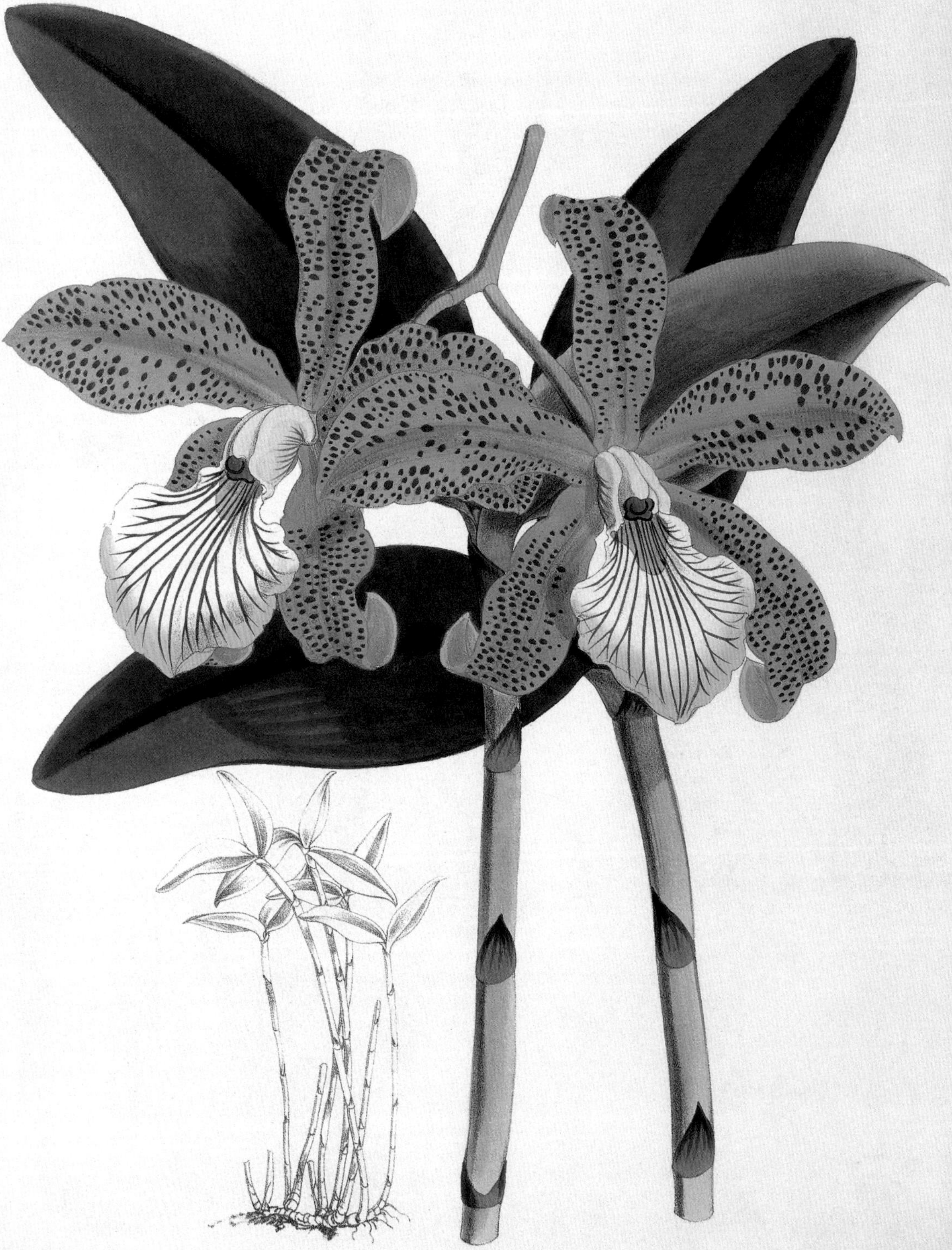

毛唇石豆兰

（ *Bulbophyllum barbigerum* ）

在塞拉利昂采集，并由伦敦哈克尼的罗迪吉斯苗圃在 1836 年引进英国，毛唇石豆兰是所有兰花物种中最怪异的一种。这种花的唇瓣上装饰着成簇敏感的丝状毛和一个精巧的铰链结构。约翰·林德利是如此评论的："在它上方呼吸足以导致花的摇摆振动，运动幅度是如此明显且持续很长时间，让人不得不怀疑是不是有什么动物的灵魂注入了这种最不像植物的兰花里。"

丝绒卡特兰

（ *Cattleya velutina* ）

左页图：原产巴西的丝绒卡特兰与二色卡特兰（ *C. bicolor* ）和紫斑卡特兰（ *C. aclandiae* ）同属这样一类卡特兰，它们的颜色丰富有趣，不像别的卡特兰那样粉嫩且女性化。它们近些年中很受欢迎，并越来越多地运用到育种计划中。种加词 "*velutina*" 的意思是 "天鹅绒般的"。

Pub. by S. Curtis. Walworth. Sep. 1. 1817.

Weddell Sc.

物，如兰花的化石一向稀缺）展示了一些已经灭绝的兰花祖先，如 *Protorchis* 和 *Palaeorhis*，可追溯至大约四千万年前第三纪中期。兰科现存原始属如香荚兰属和管花兰属（*Corymborkis*）的泛热带和跨大洋分布也表明，真正的兰花在第三纪早期就已经出现了，当时它们生活的大陆还没有像现在这样相距遥远。

就像约翰·林德利在1858年所评论的那样，兰花"就像演员一样有千般面貌"。不过，它们的确有一些很能说明问题的共同特征——尤其是在它们的花上。"什么是兰花？"这个问题的最简短的答案就藏在里面。

兰花的花由两轮花被组成——外轮是三枚萼片，内轮是三枚花

蜂巢眉兰

（*Ophrys tenthredinifera*）

左页图：眉兰属植物都是模仿大师：它们的花非常像雌性昆虫。寻找配偶的雄性昆虫会在它们上面降落，并在徒劳无功的动作中将花粉装载在自己身上，然后带到下一朵花上去。这株蜂巢眉兰是威廉·斯温森在西西里岛上搜集的，他后来又在巴西发现了一种截然不同但同样杰出的兰花：卡特兰。（上图为左页图局部）

瓣。在某些属，如兜兰属和小龙兰属中，进化导致部分或所有萼片合生，但依然遵守这一基本模式。不过在大部分兰花中，花被全都是离生的。六枚花被中的五枚在颜色和形状上都很相似，所以统称为"被片"。第六枚花被（实际上是位置最低的第三枚花瓣）的形状、大小和颜色则与它们相差巨大，称为唇瓣。兰花这种显著的特征是高度适应性进化的结果，可以为授粉昆虫提供着陆平台。

从花朵中央，通常是唇瓣上方，伸出拱形的合蕊柱——雄蕊和柱头合生形成的单一结构。雄蕊上有大的花粉块，藏在合蕊柱顶端可拆分药帽的下方。

在药帽下方合蕊柱的对面一侧，有一个小的喙状突起，称为蕊喙。它的作用是将访花昆虫携带在头部和背部上的其他兰花的花粉块刮下来。然后这些新征用的花粉块会被戳到蕊喙下方呈槽状或洞状的柱头表面，花粉块的机械转移就此完成。如果授粉成功的话，兰花花朵的萼片和花瓣就会枯萎凋谢［某些薄叶兰属（Lycaste）物种除外，它们的花瓣会向内合拢，盖住植物的性器官，仿佛在向访花昆虫说"别来了"］。不过合蕊柱依然存在，并随着花粉块在柱头表面变得扁平而逐渐膨大。

在柱头黏稠的分泌液中流动，微小的单个花粉粒接下来会长出花粉管，并沿着花粉管向下深入合蕊柱抵达子房，而子房还起到花梗的作用——兰花的又一个指示性特征。

和兰花为了保证授粉而采取的一系列措施相比，秘密的受精过程简单明了。在它们极为别出心裁的繁殖之舞中，正是其中蕴藏的精巧和富于诱惑性的策略赋予了兰花花朵的无穷样式。这场舞蹈通常需要昆虫参与，兰花进化出了各种各样哄诱的手段，用来吸引、欺骗并操纵它们。

在最简单的情况下，兰花通过颜色、气味和提供花蜜的承诺吸引它的授粉者。寻找花蜜的昆虫会降落在唇瓣上，并被——通常是特殊的颜色、毛或瘤状物和脊状物——"引导"至花心。然后昆虫会发现自己楔入了唇瓣和合蕊柱之间。它唯一的逃离路线是反方向退出花朵。在进入或退出的过程（都是在一定程度的躁动状态下实现的）中，访花昆虫会不自觉地将体表毛上的毛粉块传递到下一朵花上。这一过程有多少变异，就会产生多少兰花物种。怀着描述兰花时难以抵御的拟人化思维，查尔斯·达尔文将它们称作"精巧的装置"。它们的确是进化工程的微型杰作。

这些策略中最著名的一种叫作性欺骗，使用这种策略的兰花，其花朵在形状、姿态甚至气味方面都和其授粉物种的雌虫极为相似。例如，原产欧洲的眉兰属植物花小且拥有天鹅绒般的质感，每个物种的花都能引诱某种特定的蜜蜂、黄蜂或食蚜蝇等授粉昆虫。雄虫以为自己遇到了一群柔顺的后宫，并开始进行生殖工作，但一切都是徒劳无功的。最后的结果是这种兰花成功受精，而这种昆虫却不会实现任何数量增长。生活在热带和亚热带地区的石豆兰属是兰科中最大也最具适应性的属之一，它们把这种模仿行为发展得更进一步——些物种的唇瓣不但将外表伪装成昆虫的样子，还会模仿它们的动作，在精巧平衡的铰链结构上轻轻摇摆振动。

来自非洲的毛唇石豆兰（*Bulbophyllum barbigerum*）用密被细长宝石红色毛的唇瓣吸引蝇类。这些毛会被最微弱的风吹动，引得整个花朵颤动不已，让雄虫以为对方正在充满热情地等待它们的造访。非洲还有另外一类使用欺骗策略引诱昆虫授粉的兰花。它们进化出的引诱方式不是模仿授粉昆虫，而是模仿和自己生长在一起、亲缘关系很远的植物（通常鸢尾科是更受昆虫欢迎的植物），把为它们的授粉昆虫偷过来给自己用。

"拖鞋兰"〔兜兰属、美洲兜兰属、杓兰属和半月兰属（*Selenipedium*）兰花〕采用一种更激进的授粉方法。在这些属中，唇瓣发育成膨大的袋状，其边缘和内表面有吸引昆虫的腺体。进入唇瓣后，昆虫会在光滑的表面细胞和毛的作用下向下滑动。抵达底部（拖鞋的"脚趾"）后，它唯一的逃跑机会是沿着唇瓣后部的内表面向上爬，而唇瓣的外边缘向内卷，形成类似隧道的形状。抵达隧道的洞口时，昆虫会看到光亮，以及阻挡在它面前的花粉块。要想飞走，它必须推开这些障碍物，使它们从合蕊柱上脱离，将它们带到下一个临时的温柔陷阱，然后在不经意间把它们卸载在柱头表面。

原产南美的吊桶兰属（*Coryanthes*）将诱捕昆虫的方式提升到了令人吃惊的水平。它的唇瓣分成三个部分。唇瓣的底端是下唇，一个膨大的或颅骨形的口袋。从下唇上伸出一个细长的管子状结构，叫作中唇。中唇以上唇结束，上唇的样子就像装满水的水桶或翻过来的头盔。雄蜂被吊桶兰散发的麝香气味吸引，这种气味中含有信息素，能使蜜蜂对自己的配偶产生吸引作用。为收集这种植物爱情迷幻药，雄

飘唇兰属

（Catasetum）

飘唇兰属拥有约七十个物种，散布在中美洲和南美洲。它们的花在兰科植物中是最奇怪的，有雄花、雌花和两性花。虽然它们可能同时开放在同一棵植株上，但不同性别的花在大小、形状和颜色上相差极大（雄花常常更花哨）。如果授粉昆虫触碰了合蕊柱上作为触发装置的两个角或刚毛，雄花就会把花粉块抛撒在它们身上。这里描绘的是血红飘唇兰（Catasetum sanguineum，右页图）和条叶飘唇兰（Catasetum callosum，右上图，1）鸡冠飘唇兰（Catasetum cristatum，右上图，2）；须苞飘唇兰（Catasetum barbatum，右上图，3和5）和纵纹飘唇兰（Catasetum laminatum，右上图，4）的花朵细节。

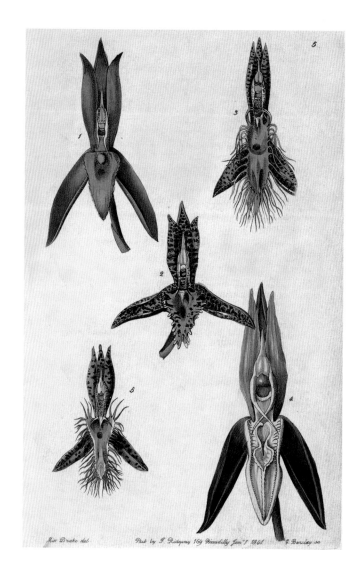

Miss Drake del.   Pub by J. Ridgway 169 Piccadilly Jan 1 1861   G. Barclay sc

带叶兜兰

（*Paphiopedilum hirsutissimum*，异名 Cypripedium *hirsutissimum*）

右页图：1857年是兜兰的好年份。这一年不但出现了从阿萨姆邦来到伦敦的费氏兜兰（*Paphiopedilum fairrieanum*），在印度东北部还发现了另外一个新物种。它在史蒂文斯拍卖行的一场亚洲兰花拍卖中首次亮相。当这种兜兰在第二年开花后，约翰·林德利好像对它表面布满的刚毛而不是花的颜色更感兴趣，将其命名为 *Paphiopedilum hirsutissimum*（*hirsutissimum* 意为"多毛的"）。

蜂会摩挲下唇和中唇上的腺体，但它们一旦太兴奋了，就会精疲力竭（或者被麻醉）地掉进上唇。它们免于淹死的唯一机会是通过水桶边缘的一条狭窄管道爬上去。这条管道和花的合蕊柱紧贴平行，迫使昆虫在逃跑过程中将兰花的花粉块带走或卸载。

一些兰花使用复杂的工艺和假监牢来确保物种的生存，而另外一些兰花只是诉诸简单的暴力。来自澳大利亚东南部的易感时兰（*Arthrochilus irritabilis*）由雄性黄蜂授粉，而它的花很像雌性黄蜂。热情的黄蜂降落在唇瓣上，却发现自己的情迷意乱被粗暴地打断了：唇瓣的构造就像一个陷阱，在一个极其敏感的铰链结构上保持着平衡。黄蜂的重量和动作触发了陷阱，使得唇瓣向下砸在合蕊柱上，就像锤子砸在铁砧上一样。头昏眼花但身上布满花粉的黄蜂赶快逃走，飞到别的地方碰运气去了。在原产南美的飘唇兰属中，唇瓣上长着"触角"，它们就像微力触发器那样与合蕊柱相关联。当授粉昆虫降落在唇瓣上采集花蜜或信息素时，被碰到的"触角"会导致合蕊柱突然弹开。在被释放的同时，合蕊柱会把花粉块抛撒在昆虫快递员的身上，后者将不负使命地飞向另一朵花。

兰花及其授粉者之间的关系并不总是如此偏向单方面。在马达加斯加的森林里生长着一个开硕大蜡质白花的物种，在深夜散发出甜蜜诱人的香味。它的俗名"彗星兰"说的是有长尾的星状花朵。它的拉丁学名 *Angraecum sesquipedale*（中文名为长距武夷兰）描述了长尾的长度——长达"一尺半"。它们实际上是细长的管状距，尖端储藏有甜的花蜜。

查尔斯·达尔文将这种兰花视为协同进化的奇迹。它夜晚散发香味的白色花朵，这般"设计"显然是用来吸引蛾子的；但是它超长的距却把用于奖赏授粉昆虫的花蜜藏在当时已知任何一种蛾类

Plate XV.

W.H.Fitch, del. et lith.

Vincent. Brooks, Imp.

Cypripedium hirsutissimum.

CORYANTHES SPECIOSA. VAR.

吊桶兰

（ *Coryanthes speciosa* ）

左页图：吊桶兰属植物的花是兰科植物中最复
杂的一种——诱饵、圈套、陷阱和隐蔽的出口
排列精巧，诱使昆虫前来为它授粉。虽然在栽
培中很少见，不过吊桶兰分布在危地马拉至秘
鲁的广大地区。它于 1842 年在西吉斯蒙德·洛
克位于南伦敦的花园里，在栽培中首次开花。

固唇兰

（ *Acineta superba* ）

固唇兰属与它的近亲鸽兰属的区别在于唇瓣，
它的唇瓣不是以铰链结构连接在花上，而是与花
融合生长——因此它的属名来自希腊语单
词akinetos，意思是"固定的"。当它首次被命名的时候（1815 年由卡
尔·西吉斯蒙德·肯命名），这种华丽的兰花分布范围极广，从巴拿
马群岛延伸至秘鲁。尽管南美经营农场和牧场的家族种植园和花园里
精心养育着一些大型植株，但如今它在自然界中非常稀少。

Tab. IV

Gez. v. J. G. Beer

K. K. a. pr. art. lith. Anstalt v. Ant. Hartinger & Sohn in Wien.

都够不着的地方。对兰花"精妙设计"深信不疑的达尔文推测，必然存在一种可以为它授粉的蛾类，而且这种蛾子会在这种授粉关系中取得一定的生存优势。在几位达尔文的同时代学者看来，这是过于不着边际的进化假设。接下来的 40 年里，长距武夷兰依然守护着自己的秘密，直到真的在马达加斯加发现了一种有长喙的蛾子，可以从这种兰花长达 30 厘米的距中吸食花蜜。已经故去的达尔文的观点得到证实，而这种蛾子被命名为非洲长喙天蛾（*Xanthopan morganii praedicta*），以纪念这个被证实的、被兰花启发而做出的预测（*praedicta*即为"预测"之意）。

达尔文还对肯特郡自家附近的斑点掌根兰（*Dactylorhiza maculata*），进行了研究，这种兰花的一个花序就能结出 6200 粒种子，他曾设想这 6200 粒种子全都萌发生长的话，一棵植株的后代就能在三代之内占领地球的全部陆地。兰花的结籽数量比任何其他开花植物都多。例如，原产委内瑞拉的"天鹅兰"（*Cycnoches chlorochilon*）的一个长 12 厘米的种荚内能够容纳 370 万粒种子。亨利·奥克利描述了这样一个种荚在裂开时的情景：

> 在哥斯达黎加的一片小树林里，清风拂动树冠，阳光从树冠的间隙照射下来，大叶薄叶兰（*Lycaste macrophylla*）的种荚正在开裂。数以百万计的种子前赴后继，在午后的阳光下形成金色的"日光柱"，奶油棕色的烟尘缓缓降落，覆盖在石头、苔藓、树叶，还有我的头发和衣服上。

是什么阻止了达尔文的噩梦变成现实，让世界免于被兰花淹没呢？我们已经知道，兰花并不是植物界个体数量最占优的开拓者。它们很少会以极多的数目大量出现，而且它们倾向于开发利用各

种子细节

左页图：兰花的种子非常小，并且自身没有营养储备，看起来似乎还并未准备好萌发生命。尽管如此，这些如烟般的精华的多样性几乎和孕育它们的花一样丰富。这张放大图中挑选的种子来自多个不同的属，尺寸从 0.3 毫米到 2 毫米。

种生态位。除了已经被它们的亲本占领的地方，寻找其他合适的栖息地就像是一场赌博。兰花以数量众多而且能够长途旅行的种子来应对这种风险，这是一场赌运气的扩散，而不是地毯式的轰炸：在野外，数百万的兰花种子只有极少数可以萌发。为便于风力携带，并获得抵达荒凉的高位栖息地的机会，兰花的种子非常小——最长的仅有 5 毫米，大部分种子的长度在 0.3 毫米至 0.5 毫米之间。不过它们也要为数量上的丰富付出代价，而与寻找合适落脚点的问题相比，这个代价对萌发率的影响更大，从而让地球免于被肆虐的兰花淹没。

和大多数其他植物不同，兰花的种子里没有供其使用的营养储备。它只有一簇胚胎细胞，外面包裹着一层松散且常常很脆弱的膜。除了拥有较硬种皮的某些原始属如拟兰属（*Apostasia*）和香荚兰属，以及种子上有螺旋形结构以便抓在宿主乔木上的附生兰如异唇兰属（*Chiloschista*）外，兰花的种子大都是准备不良、资源不足的范例。

为获得萌发和生长必需的营养，种子必须和共生真菌合作。菌根性共生关系〔Mycorrhizal symbiosis（Mycorrhiza 一词来自希腊语的 mykos 和 rhizon，前者意为"真菌"，后者意为"根"）〕在众多种类的植物中都有不同程度的存在；但对于兰花来说，这种共生关系是不可或缺的。菌丝（真菌的线状结构）刺透兰花种子，通过为胚胎提供养分诱发种子萌发。和许多其他高等植物不同，兰花胚胎不分化成胚根、胚芽和子叶等器官。相反，它是一团组织（原球茎），只在外部媒介提供营养时才变大，分化出根和茎。

萌发已经开始，真菌菌丝渗透在原球茎周围的基质中，降解有机物，释放出可被刚刚萌发的兰花胚胎吸收的矿物质和养分。原球茎一旦能够进行光合作用，兰花和真菌就建立起了延续一生的共生关系。兰花为真菌提供光合作用过程中生产的糖，而真菌提供兰花的根（在没有帮助的情况下）无法从周围不利环境中获得的更浓的养分。

描写自己"在危地马拉的拉斯米纳斯山脉的重重云雾之间"与"白花修女兰（*Lycaste skinneri*）的一个种荚"的相遇时，亨利·奥克利简练地描述了兰花生存繁殖的强烈自然冲动：

它从一棵树上垂下来，轻轻敲

打，种子就跑出来了。它们没有落在地面上，而是悬浮在雾气中，不比雾滴轻，也不比雾滴重，不规则地舞动着，等待下一股微风把它们送到遥远的集结地，在一些共生真菌的帮助下萌发，延续生命的循环。

橙黄爱达兰

（*Ada aurantiaca*）

爱达兰属是约翰·林德利命名的，这个名字是为了纪念谷卡里亚王国的皇后。然而它的自然分布范围离小亚细亚十分遥远，从哥伦比亚安第斯山脉延伸至格林纳达。这株橙黄爱达兰在 1900 年 3 月获得优秀奖。一个世纪后，该物种依然是在冷凉环境下生长的最受欢迎的兰花之一，因其朱红色的花朵和易于栽培备受青睐。

获奖兰花

随着 19 世纪不断发展，植物学家和园丁开始掌握兰花繁殖的秘密，为兰花狂热症的第二个阶段——持续至今的杂交革命——奠定了基础。日本园艺从业者早在西方同行数个世纪之前就在种植杂交兰花，但我们不能确定这些杂交种是人工的（人工杂交授粉），还是某只昏了头的授粉昆虫偶然创造出的巧合。奇怪的是，可确认的首个人工兰花杂交种的确使用了两个来自东亚的兰花物种，但这一成就却归功于一个英国人。

1856 年 10 月 25 日，切尔西异域植物苗圃的经营者小詹姆斯·维奇拜访了兰花栽培专家，园艺学会秘书约翰·林德利，向他展示了一株开浓郁粉紫色花的兰花。它显然属于虾脊兰属，但林德利不能确定它是哪种虾脊兰。这种花分叉、有绒毛的距让他想起开白花的三褶虾脊兰（*Calanthe triplicata*），而它的花色和唇瓣宽阔的中裂片又让他想起长距虾脊兰（*Calanthe masuca*）。林德利推测这种新的植物可能是上述两个物种的中间

类型，它们之间的一个活着的纽带。然后詹姆斯·维奇才揭示了这
种新植物的真面目，原来是在他的温室里创造出来的杂交种。如今
杂交种的概念——自然发生的以及人工创造的——已为人类所知数
百甚至有可能是上千年。人类依赖杂交种满足各种基本需求，从谷
物至驮兽，涉及的物种十分多样。作为同时代最著名的英国植物学
家之一，林德利对杂交机制的理解远比其他大多数人都透彻。在
10月的那天之前，他从未预料到的是，兰花——这些将适应性发挥
到极致、高度专一化的植物——也可以实现不同物种间的杂交。

在之前的30年里，数千个兰花新物种涌入人工栽培并得到了
命名和分类，林德利正是兰花命名和分类的先驱。如今一株兰花就
让他的所有努力布满疑云："你会把植物学家们逼疯的。"他这样对
维奇说。在这件事上，林德利的大部分工作是没有问题的。除了少
数例外，他并没有把实际上是杂交种［他为它们创造了一个术语，
mule（"骡子"）］的植物作为物种命名。但是维奇的杂交虾脊兰播
下了怀疑的种子。

除了可能对兰花分类学造成的影响之外，这种新植物在另外两
个重要方面都有革命性的意义。它证明兰花授粉机制至少得到了一
定程度的了解，从而为将来的杂交清理出了道路。新植物是用种子
成功培育的，由于兰花种子的尺寸及其对萌发的特殊需求，在这之
前这种园艺手段一直断断续续且很不系统。

负责培育这株神奇植物的人不是詹姆斯·维奇，而是他的首席
园丁约翰·多米尼。在维奇家族位于埃克塞特的苗圃工作时，他和
约翰·哈里斯交上了朋友，哈里斯是当地的外科医生，也是一位有
天分的业余生物学家。哈里斯向多米尼解释了兰花的基本解剖构造
以及受精过程。多米尼亲手进行实践，并于1853年开始在苗圃里
杂交卡特兰属物种。然而第一批杂交尝试并没有成功，于是多米尼
把视线投向虾脊兰属，杂交了三褶虾脊兰和长距虾脊兰。他在1854

长距细距兰

（*Aerangis distincta*）

细距兰属的这个物种是两位学者
共同命名的，一位是著名兰花栽
培专家、皇家园艺学会园艺主任
乔伊斯·斯图尔特，另一位是著
名非洲兰花专家伊泽比尔·拉克
鲁瓦。来自马拉维的长距细距兰
有星状白色花，尖端有时呈粉红
色。这种植物的典型特征是富含
花蜜的超长的花距，并在晚上散
发出令人愉悦的香气。这棵获奖
植株有一个恰如其分的名字："邱
之典雅"。

"沃顿"细距兰

（*Aerangis confusa*）

右页图：它是乔伊斯·斯图尔特
命名的另一个细距兰属物种，来
自肯尼亚和坦桑尼亚。它在 1987
年 1 月获得了优秀奖。像细距兰
属的所有其他成员一样，它也有
白色的花，不过常常会泛起玫瑰
粉色的红晕，特别是花开了一段
时间后。

年将受孕的种子播种，幼苗以令人吃惊的速度生长起来，两年后就开了花。为了纪念他的先驱性工作，林德利将这株有记录的第一种"兰花骡子"命名为多米尼虾脊兰。与此同时，多米尼再次将注意力投向卡特兰，这次他获得了成功。1859 年 8 月园艺学会的展览上，展出了五株杂交卡特兰，它们是花为橄榄绿色且有栗色斑点的斑点卡特兰（*Cattleya guttata*）和淡紫粉色的罗氏卡特兰（*C. loddigesii*）的杂交后代。

多米尼在兰花育种中采取的大胆举动还不止于此，他甚至开始杂交不同属的物种。1861 年 6 月，属间杂种多米尼绒血兰问世，它是血叶兰（*Ludisia discolor*）和绒叶兰属物种斑纹绒叶兰（*Dossinia marmorata*）的杂交后代。这两个物种都是"宝石兰"，它们美丽花纹的叶片在维多利亚时代非常受人喜爱。令人遗憾的是，杂交出的植株已经在人工栽培中丢失了，但多米尼的所有新创造的生命并非都如此短暂。

1863 年 9 月，多米尼记录了蕾丽兰属（*Laelia*）和卡特兰属第一批杂交后代的开花情况，其中包括埃克塞特蕾卡兰，它的亲本是花叶卡特兰（*Cattleya mossiae*）和皱瓣蕾丽兰（*Laelia crispa*）：这将成为接下来数代园丁进行兰花育种的基调。在 1880 年退休之前，约翰·多米尼在 22 年中创造了至少 25 种杂交兰花，让维奇家族的各位先生在兰花杂交育种领域维持了十几年的垄断地位。在他所有的创造中，最让多米尼高兴的是哈里斯兜兰（*Paphiopedilum harrisianum*），它是紫毛兜兰（*P. villosum*）和须苞兜兰（*P. barbatum*）的杂交后代，它在 1869 年得到命名，以纪念多米尼的导师约翰·哈里斯。

再也没有必要为了令人兴奋的新兰花而掠夺自然了。约翰·多米尼向所有人展示了用已有兰花"发明"新兰花的可能性。许多人以他为榜样——最著名的是他在维奇苗圃的继任者约翰·塞登，到 1905 年时他已经创造出了不少于 500 个杂交种，玫瑰粉色的塞登美洲兜兰就是用他的名字命名的。为了追踪潮水般涌现的新杂交兰花，人们做了各种各样的尝试。

自 1870 年代以来，《园丁纪事》杂志就在刊印新的杂交种及它们的亲本。1895 年在伦敦出版并在后续增补修订，乔治·汉森的《杂交兰花》是当时最全面的名录，直到赫斯特和罗尔夫的《兰花品系全书》在 1909 年出版。弗雷德里克·桑德顺理成章地做出了最后的成果。桑德在 1901 年开始刊印杂交种名录。在接下来的岁月里，他和他的继任者们不断增补这些名录，记录了所有已知的杂交种，直到 1946 年能够出版《桑德杂交兰花全录》。1960 年代，注册杂交兰花及修订出版桑德名录的责任落在了皇家园艺学会身上。从小詹姆斯·维奇向约翰·林德利展示西方世界创造的第一株杂交兰花之后不到 150 年里，得到注册的杂交种数量超过了 10 万个。

皇家园艺学会不但出资赞助兰花的引进和栽培，并负责杂交兰花的注册，而且还为种植者和育种者提供展示新植株的论坛。它就是学会的兰花委员会。成立于 1889 年的兰花委员会至今仍在学会花展的第一天举行会议、评选参展的花并推荐获奖者。按照重要性递增的顺序排列，这些奖项是初步推荐奖、优秀奖和一等认证奖。如今我们之所以能欣赏本书后续章节中的图片，都要感谢这个由苗圃商、植物学家和有天赋的业余爱好者组成的委员会。1897 年，兰花委员会决定使用统一标准和规格为获奖的所有兰花绘制水彩画，并由皇家园艺学会保存作为永久性的记录。

皇家园艺学会的第一位官方画家是内利耶·罗伯茨。当她还是一个 17 岁的女孩时，就被某位南伦敦花商橱窗里插在花瓶中的兰花深深迷住了。60 年后，她还在画它们。为了纪念她成果丰硕的职业生涯，一个花朵好似粉红缎子的杂交兰花就是以她的名字命名的，即"内利耶·罗伯茨"卡特兰。即使是最新最精致的彩色照片也无法替代这些水彩画的价值。在画家的笔下，一朵花能够比在照片中更巧妙地呈现最突出的特征。最重要的是，水彩颜料和画家的双眼相结合，能够复制出更真实的花朵颜色。这位画家真实地表现了获奖兰花的面貌，而我们将在接下来的书页中看到，从内利耶·罗伯茨到彻丽-安妮·拉夫里赫，皇家园艺学会的兰花画家们都是如此出色地完成了她们的工作。

"马塞尔"有节细距兰

（*Aerangis articulata*）

左页图：1997 年，法国著名兰花种植者马塞尔·勒古菲尔提供的"马塞尔"有节细距兰赢得了优秀奖。经过两个世纪对色彩和艳丽的追求，兰花追求者最近开始将注意力转向花形优雅、花色素净的物种——这种趋势让人们对非洲风兰（包括细距兰属和武夷兰属等多个属）兴趣大增，这类兰花中的许多物种都有仿佛蝴蝶般的白色花朵，并且就像该物种一样来自马达加斯加。

"桑德赫斯特"尖细细距兰

（*Aerangis spicusticta*）

1993 年 3 月，英格兰萨里郡坎伯利的普莱斯特德兰花公司展示了这株尖细细距兰（*Aerangis spiculata*）和红点黄白细距兰（*Aerangis luteo-alba* var. *rhodosticta*）的杂交种。被命名为"桑德赫斯特"尖细细距兰的它展示出红点黄白细距兰的（有些被稀释了的）奶油色被片和醒目的红色合蕊柱。

"芬彻姆"大花气花兰

（*Aeranthes grandiflora*）

气花兰属（*Aeranthes*）的名字来自希腊语单词aer（"空气"）和anthos（"花"）。这些惹人注目的附生兰来自非洲和马达加斯加，鬼魅般的花朵拥有下垂的花瓣，呈现出白色、奶油色、绿色和棕色的各种色调。尽管早在一个世纪前就在马达加斯加首次被采集得到，这株"芬彻姆"大花气花兰在1968年才被展出。

"佩罗特"亨氏气花兰

（*Aeranthes henrici*）

右页图：在第二年，1969年2月，法国兰花种植者马塞尔·勒古菲尔用首次现身于英格兰的"佩罗特"亨氏气花兰震惊了皇家园艺学会的兰花委员会。这种兰花浑身都透着一股奇异之感，更神奇的是它的花序能够持续开花一年甚至两年，不过在任何时候都只有一或两朵花同时开放。

奥布里尼阿努姆武夷兰

（*Angraecum O'Brienianum*）

武夷兰属拥有 150 个物种，来自非洲及毗邻印度洋岛屿。其名字来源于单词 angurek，在马来语中是附生兰的意思。大部分物种是强健的植物，带状深绿色叶和纯净轻盈的白色蜡质花朵形成强烈的对比。奥布里尼阿努姆武夷兰是 1912 年由赫特福德郡圣奥尔本斯的著名苗圃桑德公司首次引进的。

"似松" 华丽武夷兰

（*Angraecum superbum*）

右页图：武夷兰属最引人注目的特征之一是花朵的距，一条储藏花蜜的长管子，每个物种都进化出了独有的长度和形状，用来吸引接纳特定种类的蛾子。根据记录，1968 年展出时，这个中非物种 "似松" 华丽武夷兰拥有超过 30 厘米长的距。

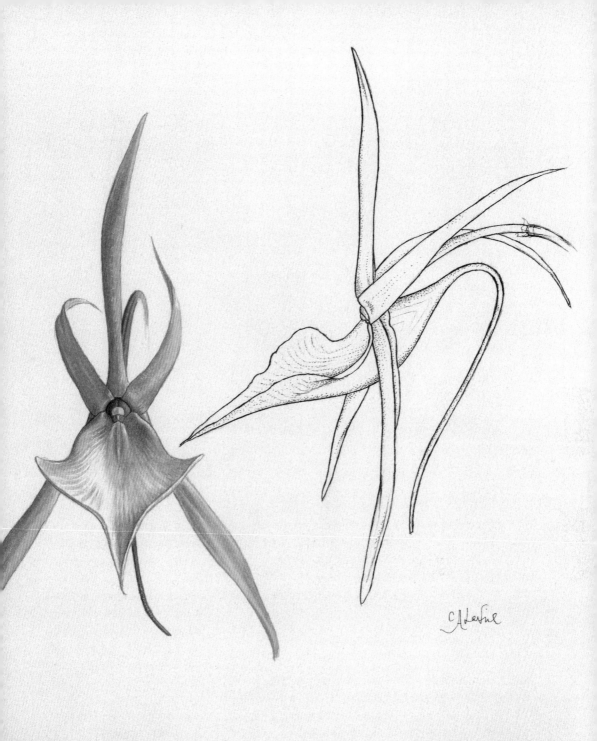

"浅色托马斯"克氏安古兰

（*Anguloa cliftonii*）

上图：安古兰属物种又叫"郁金香兰"，它们彼此之间的关系曾经非常混乱：开黄花的物种彼此含糊不清，白花或粉花物种也是同样，还有那些花上有栗色斑点的赭石花色物种，直到亨利·奥克利开始搜集并研究它们。这株"浅色托马斯"克氏安古兰是他通过无性繁殖选育的品种，于1996年6月获得优秀奖。它原产哥伦比亚，会开大量浅黄色的蜡质花，花内表面有血红色的大理石状斑纹。

"圣托马斯"安古兰

（*Anguloa virginalis*）

第115页图：和罗尔夫安古兰不同，"圣托马斯"安古兰端庄娴静，姿态优雅的花呈最浅的淡粉紫色。该物种的植株在1990年由亨利·奥克利重新引入园艺界，在此之前，它已经消失了一个多世纪。像大多数安古兰属物种一样，它原产哥伦比亚，花散发出浓郁的巧克力香气和冬青油气味。

罗尔夫安古兰

（*Anguloa* Rolfei）

右页图：66年前，杰雷米亚·科尔曼爵士在萨里郡加顿公园自己著名的兰花收藏中挑选了该植株并带到伦敦。被命名为罗尔夫安古兰，它是开黄花的克氏安古兰与栗色橄榄色相间的短唇安古兰（*Anguloa cliftoni*）天然杂交得到的杂交种。这类植物的存在虽然对于园艺十分宝贵，但就像约翰·林德利预言的那样，常常让植物学家十分困惑。另一个天然杂交品种"圣托马斯"罗尔夫安古兰（第114页图）于1993年7月在皇家园艺学会展出，提供者是亨利·奥克利。

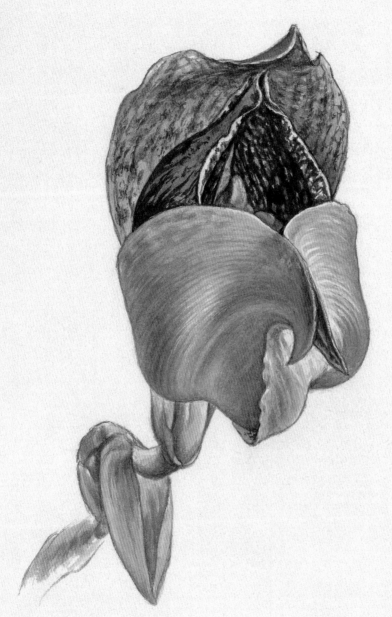

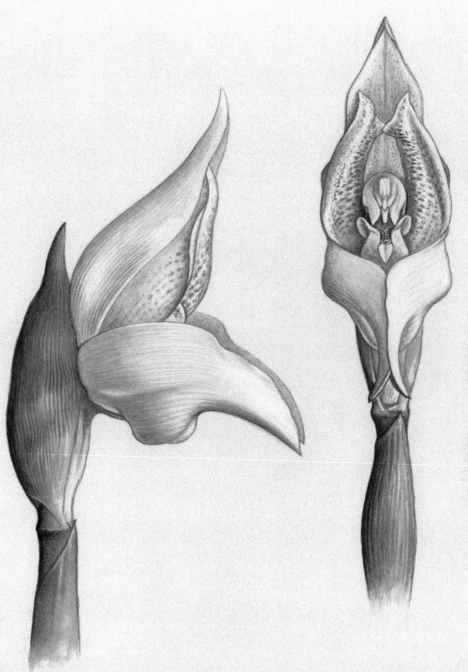

"圣托马斯"粉魅捧心兰（*Angulocaste* Pink Charm）和"圣赫利尔"莫林捧心兰（*Angulocaste* Maureen）

安古兰属与薄叶兰属（*Lycaste*）杂交后就得到捧心兰属。它们植株的体型较大，开大量蜡质花，呈象牙色、粉色、浅黄色、黄褐色、栗色或棕色。"圣托马斯"粉魅捧心兰（上图）由安古兰和宝丽薄叶兰杂交得到。由肯特郡贝肯汉姆的亨利·奥克利博士培育，它在1991年赢得优秀奖。作为象牙安古兰和奖池薄叶兰的杂交种，"圣赫利尔"莫林捧心兰（左页图）在1991年由泽西的埃里克·杨兰花基金会展出，并获得优秀奖。

"圣托马斯" 粉荣耀捧心兰（*Angulocaste* Pink Glory）

亨利·奥克利是安古兰属和薄叶兰属种质资源英国国家收藏的持有人，"圣托马斯" 粉荣耀捧心兰也是一个从他那里来的杂交种，它是鲁氏安古兰和宝丽薄叶兰杂交培育的。展出时间是 1989 年。

"福克斯代尔" 莫林捧心兰（*Angulocaste* Maureen）

右页图：2000 年，特伦特河畔斯托克的福克斯代尔兰花公司所培育的莫林捧心兰的一个美丽精致的无性繁殖后代，"福克斯代尔" 获得了优秀奖。它是由象牙安古兰和奖池薄叶兰杂交得到的。

N. R.

"米莱斯山"豹斑兰（*Ansellia africana*）

豹斑兰广泛分布于非洲热带和南部地区，并生长在从雨林到干草原的极为多样的生境中。它们的花相差很大，从纯白到接近全黑都有，不过大多数花的花色样式都与这丛"米莱斯山"豹斑兰相似，它采集于塞拉利昂，1975年送展，提供者是泽西的兰花种植者埃里克·杨。虽然分布广泛且花色各异，但豹斑兰属的多种类型都有相同的基本解剖学构造，因此它们都被植物学家归为一个物种：*Ansellia africana*。

豹斑兰（*Ansellia congoensis*，异名 *Ansellia africana*）

左页图：豹斑兰属的命名是为了纪念英国园丁兼植物猎手约翰·安塞尔（1847年），他在费尔南多波岛搜集了该属的第一棵植株。1935年，这株豹斑兰荣获优秀奖。它的花拥有该属的典型特征——黄色的花布满栗棕色斑块，因此获得了"豹斑"的称号。

安南蜘蛛兰

（*Arachnanthe annamensis*）

1906 年，位于爱尔兰格拉斯内文的国家
植物园（当时是皇家植物园）呈出了这
种令人难忘的东南亚兰花。它最初是由
植物猎手麦查理茨在安南搜集而来的，
他的雇主是拥有一流兰花苗圃的桑德
公司。它被命名为安南蜘蛛兰（"来自
安南的蜘蛛兰"），蜘蛛似的外貌令人
过目难忘，不过现在它更常用的属名是
Arachnis。在马来西亚切花产业的一系
列重要兰花中，蜘蛛兰是最艳丽夺目的
种类之一，其中最著名的是窄唇蜘蛛兰
（*Arachnis flos-aeris*），该物种遍布全世
界的超级市场和餐厅花瓶。

罗氏蜘蛛兰

（*Arachnanthe rohaniana*）

右页图：同属物种罗氏蜘蛛兰现身于
1907 年。然而，和蜘蛛兰属的一些物种
有所不同的是，它的同一花序上有两
种截然不同类型的花（都在这里展示
出来了）。位置最低的一些花是宽瓣类
型，而另一些花的花瓣较窄，花色也不
同。数十或数百的小花层层叠叠，构成
华丽、低垂的总状花序。这种特征让
植物学家罗尔夫将该物种和另一相似
物种归入单独的属，命名为异花兰属
（*Dimorphorchis*）。

N.R.

N.R.

"万代美人"露西·莱科克万蛛兰

（*Aranda* Lucy Laycock）

人们发现蜘蛛兰属与其他属的东南亚单轴兰花杂交，会得到令人惊奇的后代。1963 年首次现身的"万代美人"露西·莱科克万蛛兰由胡克氏蜘蛛兰和三色万代兰杂交培育。

"蓝鸟"温蒂·斯科特万蛛兰

（*Aranda* Wendy Scott）

右页图：同样来自于新加坡兰花公司也是蜘蛛兰属和万代兰属的杂交后代，"蓝鸟"温蒂·斯科特万蛛兰于 1960 年呈现在皇家园艺学会兰花委员会面前。它的亲本是窄唇蜘蛛兰和白花万代兰，后者是一个来自巽他的物种，奶油色的花瓣上有棕色脉纹。

JH

千代兰杂交品种

千代兰属（*Ascocenda*）的杂交涉及两个来自亚洲的属：鸟舌兰属（*Ascocentrum*）主要是微型植物，花朵鲜艳明亮；万代兰属的植株更强壮，花大，形状似蝴蝶。这种杂交组合让后代继承了第一个亲本易于控制的植株大小，以及第二个亲本壮观的开花效果。下面是从珠宝般的杂交千代兰中挑选出的一些最惹人注目的品种。（左上角起顺时针）"杜鲁门·穆吉森"通洛千代兰，由梅达桑千代兰和桑氏千代兰杂交培育；"提尔盖茨紫水晶"谭柴彭千代兰，由梅达·阿诺德千代兰和罗斯柴尔德万代兰杂交培育；"布拉瓦约"第一美女千代兰，由"提尔盖茨紫水晶"谭柴彭千代兰和"提尔盖茨"罗斯柴尔德万代兰杂交培育；"罗伯特"阿米利特·拉莫斯千代兰，由波凯胜利千代兰和白花桑氏万代兰杂交培育；"提尔盖茨"幸运千代兰，由普克勒万代兰和梅达·阿诺德千代兰杂交培育；以及"提尔盖茨"福莎拉千代兰，由奥诺梅阿万代兰和梅达桑德千代兰杂交培育。

"马里布"潘尼夫人千代兰（第128页图），由奥诺梅阿万代兰和弯叶千代兰杂交培育；以及"泽西"五十州美人千代兰（第129页图），由叶桑华千代兰和梅达·阿诺德千代兰杂交培育。

M.I.H.

"赛尔斯菲尔德"蛛纹长萼兰

（*Brassia arachnoides*）

作为南美长萼兰的优良品种，"赛尔斯菲尔德"蛛纹长萼兰在 1967 年为东格林斯特德的大卫·桑德兰花公司赢得优秀奖。

"伯纳姆"疣点长萼兰

（*Brassia verrucosa*）

右页图：虽然兰花杂交的复杂和精巧程度在 20 世纪末不断深化，而且许多新发现或新引进的物种也获得了青睐，不过一些旧爱也仍有一席之地。例如在 1983 年，德文郡牛顿·阿伯特的伯纳姆苗圃展示了这株华丽的热带美洲长萼兰："伯纳姆"疣点长萼兰。

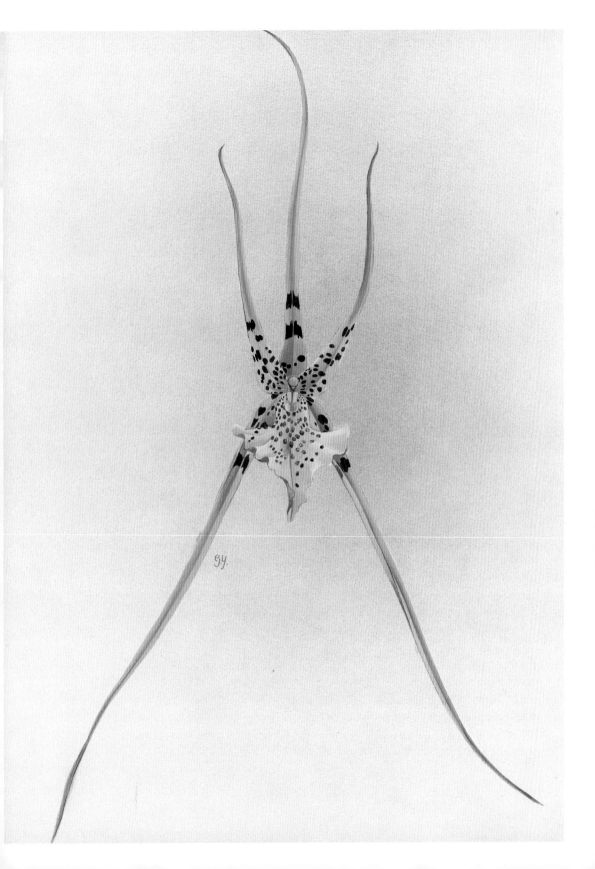

约翰·林福德柏拉卡特兰（*Brassocattleya* John Linford）

原产中南美洲的柏拉兰属物种猪哥喙丽兰（*B. digbyana*，现在更恰当的名字是*Rhyncholaelia digbyana*）开出的花呈现色调冷淡的象牙色，而唇瓣却鲜艳醒目，且多皱和裂纹。在兰花杂交的早期阶段，该特征就和卡特兰更大且颜色更活泼的花互相结合，得到了花色浓郁且花朵有花边的柏拉卡特兰属（*Brassocattleyas*）。1930年，著名兰花种植商伯克郡斯劳的布莱克和弗洛里公司奉上约翰·林福德柏拉卡特兰（左上图），它是岛津王子卡特兰和罗西塔柏拉卡特兰的杂交后代。这是一项伟大的成就，这个苗圃也是著名的维奇苗圃的直系后继者，而维奇苗圃是英国兰花杂交的起源地。

莉赛特柏拉卡特兰（*Brassocattleya* Lisette）和"希顿"迪比亚诺－崔安妮柏拉卡特兰（*Brassocattleya* Digbyano-Trianaei）

十年前，伦敦斯尼亚斯卜的W. R. 法塞利用莉赛特柏拉卡特兰（右上图）赢得优秀奖，它是迪比亚诺-华纳瑞柏拉卡特兰和"金黄"卡特兰的杂交后代。将该属奢华之风表现得更加典型的是"希顿"迪比亚诺－崔安妮柏拉卡特兰（右页图），它是猪哥喙丽兰和冬卡特兰杂交后代的无性选育品种。它的创造者是约克郡布拉德福德的查尔斯沃思公司，1905年展出。

"庄严"朱庇特柏拉蕾卡兰（*Brassolaeliocattleya* Jupiter）

1921 年由米德尔塞克斯群索斯盖特的哈索尔公司培育，"庄严"朱庇特柏拉蕾卡兰结合了维奇柏拉蕾卡兰和阿尔曼卡特兰的特点，创造出的花既有卡特兰属和蕾丽兰属的典型花色，又有柏拉兰属宽阔褶边的外形。

"南绿"台南金柏拉蕾卡兰（*Brassolaeliocattleya* Golden of Tainan）

右页图：蕾丽兰属与柏拉兰属和卡特兰属两个属的亲缘关系都比较接近，但它的花稍小，颜色更加柔和。兰花育种者在柏拉蕾卡兰中融合了这三个属的特点，一个很棒的范例就是"南绿"台南金柏拉蕾卡兰，它是金宝石柏拉蕾卡兰和德纳柏拉蕾卡兰的杂交后代，在兰花育种史上的出现时间相对较晚（1984 年）。

"墨"希伦斯·吉尔柏拉蕾卡兰（*Brassolaeliocattleya* Herons Ghyll）
上图：墨这个字恰如其分地描述了这种花的红色之深。"墨"希伦斯·吉尔柏拉蕾卡兰是诺曼湾柏拉蕾卡兰和"洛氏"伊丝塔蕾卡兰的杂交后代，并在1960年为它的种植者，苏塞克斯郡的斯图尔特·洛公司赢得优秀奖。

柏拉蕾卡兰杂交品种
这两种华丽的柏拉蕾卡兰非常符合作为胸花佩戴。"哥特"诺曼湾柏拉蕾卡兰（第136页图）是伊丝塔蕾卡兰和哈特兰柏拉卡特兰的杂交后代，由苏塞克斯郡的斯图尔特·洛公司在1953年展出。"杜伊勒里"艾米若杉柏拉蕾卡兰（第137页图）结合了幸运蕾卡兰和希伦斯·吉尔柏拉蕾卡兰的基因，由法国兰花育种公司瓦舍罗和勒古菲尔在1985年展出。

"山腰"基奥维柏拉蕾卡兰
（*Brassolaeliocattleya* Keowee）
右页图：在接近20世纪末的时候，对兰花物种（以及和它们相似的杂交后代）的兴趣导致开小花的柏拉兰属物种被引入杂交。例如，"山腰"基奥维柏拉蕾卡兰就结合了俗丽的洛林白井蕾卡兰和柏拉兰的基因。柏拉兰来自美洲热带，花朵如同魅影，有"夜夫人"兰花之称。

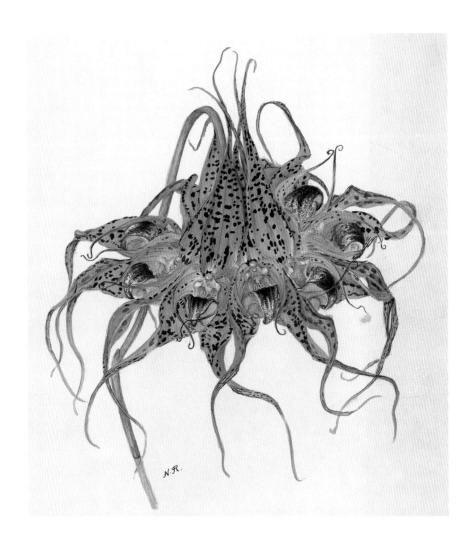

宾嫩石豆兰（*Bulbophyllum binnendijkii*）和"米莱斯山"泽西石豆兰（*Bulbophyllum Jersey*）

石豆兰属是兰科最大的属之一，物种数量超过 1200 个。如今它还包括很多从前被归为卷瓣兰属（*Cirrhopetalum*）的植物，以及两属之间的杂交种［被称为卷瓣石豆兰属（*Cirrhophyllum*）］。不过在兰花品种注册当中，这些名字依然被保留了下来。1928 年，杰雷米亚·科尔曼爵士用这株壮观的宾嫩石豆兰（上图）赢得了一等认证奖。该物种来自爪哇的森林，并加入了他位于萨里郡加顿公园的兰花收藏。更近些时候，在 1997 年，泽西的埃里克·杨兰花基金会以其杂交品种"米莱斯山"泽西石豆兰（右页图）获得优秀奖，它的亲本是罗比石豆兰和棘唇石豆兰。

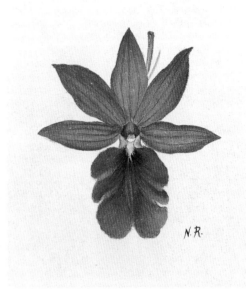

虾脊兰杂交品种

西方的第一株杂交兰花就是用虾脊兰属的两个物种杂交得到的，
而且该属直到 20 世纪早期都一直在兰花育种中占有重要地位。很
难解释它为何不再受时尚青睐：这些植物种植相对容易，冬天开
花，雅致的花序上坐落着蝴蝶状的花。书中的获奖兰花都具有这
些典型特征。对于大多数杂交虾脊兰，其血统都会涉及艳丽虾脊
兰（*Calanthe vestita*），它是一个来自东南亚的花色鲜艳的物种：
安吉拉虾脊兰（左上图），由"伯福德"塞德虾脊兰和查普曼虾
脊兰杂交培育；华丽虾脊兰（右上图），由红花虾脊兰和布莱恩
脊兰杂交培育；查普曼虾脊兰（右页图），"伯福曼"塞德虾脊兰
和奥克伍德红宝石杂交培育。

N.R.

虾脊兰杂交品种

在日本和中国，冷凉型半耐寒虾脊兰的魅力持续了四个世纪都几乎没有消退的迹象。但是曾经装点了爱德华七世时代温室的，喜温暖虾脊兰属物种和杂种却在 20 世纪末陷入深深的衰退。泽西的埃里克·杨兰花基金会决心解决这个问题，并创造了一系列美丽的新品种，其中包括："圣马丁斯"五橡树虾脊兰（左图），由戈里虾脊兰和科比埃虾脊兰杂交培育；"三一"罗泽尔虾脊兰（中图），由格鲁维尔虾脊兰和圣奥班虾脊兰杂交培育；"三一"格鲁维尔虾脊兰（右图），由戴安娜·布劳顿虾脊兰和布莱恩虾脊兰杂交培育。

深色飘唇兰

（ *Catasetum tenebrosum* ）

神秘的魅力或许在来自厄瓜多尔的物种，深色飘唇兰身上体现得最明显，其拉丁学名反映了它肃穆的花色、扑朔迷离的出身，及其对密林深处的喜爱（ *tenebrosum* 意为黑暗）。

"皇家皮埃尔库雷"圆盘飘唇兰

（ *Catasetum pileatum* ）

左页图：飘唇兰属是兰花所有属中最非同寻常的之一。不只是因为它们的花有奇怪的形状和颜色，还因为它们还能根据植株生活的环境改变自己的形状、颜色和性别。当约翰·林德利检查这些属于同一种植物（当时他并未意识到这一点）的不同类型的花时，他将飘唇兰属不同状态下的花归入了几个不同的属。到了 1987 年，当"皇家皮埃尔库雷"圆盘飘唇兰为瓦舍罗和勒古菲尔公司赢得优秀奖时，这种混乱早已被理清；但它的神秘魅力并未因此褪色。

"巴拉贝尔"游戏场飘唇兰（*Catasetum* Fanfair）

或许是因为它们古怪的习性，飘唇兰在兰花爱好者中的受欢迎程度总是忽上忽下。不过在 1991 年，"巴拉贝尔"游戏场飘唇兰得到了皇家园艺学会兰花委员会最充分的认可。作为扩展飘唇兰和袋囊飘唇兰的杂交后代，它标志着兰花育种的新方向以及兰花种植者品味的巨大改变——从传统的美丽转向样式的奇异。

纳索飘唇兰（*Catasetum* Naso）

右页图：不过，就像在植物育种中经常出现的情况那样，新的起点也是一次复兴。就像早在 1928 年，苏塞克斯郡的查尔斯沃思公司就培育出了杂交纳索飘唇兰。

N. R.

克劳狄安卡特兰（*Cattleya* Claudian）和"格罗西"二色卡特兰（*Cattleya bicolor*）

自从玫红卡特兰在 19 世纪初掀起了兰花狂热症的风潮后，卡特兰就被认为是所有兰花中"最像兰花"的。由查尔斯沃思公司在约克郡培育的克劳狄安卡特兰（上图）在 1906 年荣获一等认证奖。它的亲本是路德卡特兰和虎斑卡特兰。前者花芳香且呈淡紫色；后者是一个来自巴西的物种，橄榄绿色的花上有栗色斑纹。不是所有卡特兰都是这样雍容华贵的贵妇人。有几个物种的花较小，但极具特色且花色丰富。"格罗西"二色卡特兰（右页图）首次现身于 1902 年，它的红褐色被片和樱桃红色的唇瓣极为引人注目。

N.R.

"斯诺登山"鲍勃·贝茨卡特兰（*Cattleya* Bob Betts）

作为所有白花杂交兰花中最著名的一种，"斯诺登山"鲍勃·贝茨卡特兰在 1954 年为肯特郡的种植商阿姆斯特朗和布朗赢得了优秀奖。它是由教堂钟卡特兰和"瓦格纳"花叶卡特兰杂交得到。它的花是水晶般的白色，散发出浓郁的香气，让它成为冬季婚礼花束的首选之一。

"南十字"莫克塞姆夫人卡特兰（*Cattleya* Lady Moxham）

这些艳丽的花通常无法和婚礼的纯洁联系起来。"南十字"莫克塞姆夫人卡特兰由苏塞克斯郡的斯图尔特·洛公司在 1955 年培育，融合了"卡丽"埃弗林卡特兰和"柯克汉姆"卡特兰基因。它的花极其热烈地混合了品红色、深紫红色以及金光闪耀的橙色。

N.R.

角斗士卡特兰（*Cattleya* Gladiator）和日耳曼卡特兰（*Cattleya* Germania）

卡特兰育种中最重要的亲本之一是秀丽卡特兰（*C. dowiana*），该物种来自哥斯达黎加、巴拿马群岛以及哥伦比亚，有浓郁金色花被片和具有天鹅绒般质感的红宝石色唇瓣。它的影响在杂交种角斗士卡特兰（上图）的花上表现得很明显，角斗士卡特兰由苏塞克斯郡的 F. J. 汉伯里在 1929 年展出。作为 1901 年培育出的杂交种，日耳曼卡特兰（右页图）展示出来自于另一个花朵较小且花色迷人的物种（"斯科菲尔德狄阿娜"颗粒卡特兰）的影响，"斯科菲尔德狄阿娜"与传统的丰满品种哈里亚纳卡特兰结合，创造出了这种花形优雅、花色沉静的卡特兰。

N.R.

秀丽卷瓣兰（*Cirrhopetalum pulchrum*）

右上图：尽管花朵比例相对较小且外形奇怪，但卷瓣兰在喜爱兰花的王公贵族们心中的地位，似乎并不逊色于歌剧般华丽的卡特兰和井然有序的"拖鞋兰"。这株秀丽卷瓣兰是加顿公园的杰雷米亚·科尔曼爵士在 1908 年展出的。它原产巴布亚新几内亚，拉丁学名的意思是"漂亮的"，表明了它奶油黄色和粉紫色混合而成的美丽效果。

"巴克波利"伊丽莎白·安卷瓣兰（*Cirrhopetalum* Elizabeth Ann）

"杂种优势"是兰花杂交中常见的现象，许多杂交种比亲本更大，生长速度更快，而且更容易从逆境中恢复。不过，很少有品种像"巴克波利"伊丽莎白·安卷瓣兰（右页图）那样表现得更显著。它是斯图尔特·洛公司用长瓣卷瓣兰和美花卷瓣兰杂交培育的。1972 年，它为伟大的兰花业余爱好者塞恩思伯里夫人赢得优秀奖，从此就在兰花爱好者的温室花篮里生机勃勃。1895 年，"巴克波利"伊丽莎白·安卷瓣兰的亲本之一美花卷瓣兰（左上图）从皇家园艺学会手中获得过一等认证奖的荣誉。这个来自印度的物种是通过刺激雌性昆虫的运动来吸引授粉者的数个卷瓣兰属物种之一。

"黑水"汉斯之光卷瓣石豆兰（*Cirrhophyllum* Hans' Delight）

20世纪最后几年见证了园艺界对兰花原生物种的兴趣重新兴起，特别是那些植株较小（或微型），但花朵充满个性，大得不成比例的物种。兰花育种者们开始追求在魅力与气质方面神似野生物种的杂交种，如"黑水"汉斯之光卷瓣石豆兰。它在1997年由伯克郡的桑德赫斯特普莱斯特德兰花公司展出，是两个东南亚物种臭味卷瓣兰和血红石豆兰的杂交后代。卷瓣石豆兰属（*Cirrhophyllum*）这个属名反映出它的亲本涉及卷瓣兰属和石豆兰属这两个属。然而，由于现在将卷瓣兰属视为石豆兰属的一部分，因此严格地说，该杂交品种的名字应该是"黑水"汉斯之光石豆兰。

"库克斯布莱奇"豹斑棕兰（*Cymbidiella pardalina*）

右页图：棕兰属（*Cymbidiella*）的名字来自与其相似的著名的兰属（*Cymbidium*）。这些壮观的喜热植物来自马达加斯加的森林，经常和巨大的附生鹿角蕨生长在一起——这种生境会为它们提供湿润、富含腐殖质的落脚点以及与蚂蚁形成互利关系的机会。1972年，麦克贝恩兰花公司展示了这株拥有丰富图案的豹斑棕兰（*cynbidiella pardalina*，异名*C. rhodochelia*），并用它们苗圃所在地的名字将其命名为"库克斯布莱奇"。

"费舍希尔"穿越大西洋兰（*Cymbidium* Atlantic Crossing）和"三一"穆凡特兰（*Cymbidium* Maufant）

1981 年，加利福尼亚戈利塔的费舍希尔异域植物公司用"费舍希尔"穿越大西洋兰（左页图）赢得一项优秀奖，它是克劳德·佩珀兰和"玛格丽特"科拉基兰杂交后代的无性繁殖品种。加利福尼亚已经将自己打造成为兰属兰花的育种中心：它温和的气候可以让这些植物在室外生长，除了需要板条箱来抵御烈日灼热之外，不需要提供其他保护。不过兰属杂交种（如该杂交种）的祖先们生活的地方却远离阳光加州，在从印度至日本的气候较冷凉的亚洲地区。现代兰属杂交种经历了繁复的育种，祖先种的构成也极其复杂，因此很难从它们身上看出野生祖先的样貌。作为瑟索兰和红美人兰的杂交品种，"三一"穆凡特兰（上图）在 1992 年由泽西的埃里克·杨兰花基金会展出。

N.R.

"奥比斯"埃丽卡兰（*Cymbidium* Erica）和"超级"美花兰（*Cymbidium insigne*）

1927 年，圣奥尔本斯的桑德公司用"奥比斯"埃丽卡兰（左页图）赢得一项优秀奖。它的杂交亲本是虎头兰和保韦尔斯兰，而野生物种的影响在这种花苹果绿色的萼片上表现得很明显。在将近 20 年前，同一家公司还展览过"超级"美花兰（上图），该物种原产越南、中国和泰国，这是它的一个大花类型。通过赞助兰花搜集者并处理野外采集而来的植株，桑德公司成为举世瞩目的业界佼佼者。并且，随着 20 世纪的发展，桑德公司在苗圃中培育优良品系（如该物种）以及杂交育种上也将成为引领者。

"库克斯布莱奇"安南兰（*Cymbidium* Annan）

苏塞克斯郡的麦克贝恩兰花公司在培育兰属新杂品种方面拔得头筹。卡米洛特兰和贝里克兰的杂交后代"库克斯布莱奇"安南兰在 1973 年荣获优秀奖。它属于一个重要的小花或微型杂交系列，它们在株型尺寸以及花的繁盛程度方面都改造了业余兰花种植的面貌。兰花从过去的遥不可及的高贵植物变成一种大众财力和能力都能接受的花卉，兰属微型兰花所起的作用或许比其他任何兰花都更大。

澳洲建兰（*Cymbidium canaliculatum* var. *sparksii*）

右页图：兰属原生物种（而非杂交种）依然能够激励兰花时尚潮流的仲裁人。例如在 1976年，泽西的埃里克·杨兰花基金会用澳洲建兰的一个选育类型"米莱斯山"获得优秀奖，该物种来自澳大利亚，花序着生数百朵血红色的小花。

西藏杓兰

（ *Cypripedium tibeticum* ）

来自西藏的西藏杓兰是个壮观的物种，拥有黝黯的花色和极度膨大的唇瓣。尽管切尔西的詹姆斯·维奇父子公司在热带和亚热带兰花方面的成就更有名，不过仍然于 1907 年凭借这株兰花获了奖。

"杰西卡" 宝岛杓兰

（ *Cypripedium segawai* ）

右页图：在 20 世纪的最后 20 年，兴起了种植耐寒兰花的风尚。其中最具挑战性且回报最大的一类是杓兰属（ *Cypripedium* ），"拖鞋兰" 的一种。1998 年，多赛特的哈迪兰花公司展出了 "杰西卡" 宝岛杓兰，它是远东物种，当时的西方园丁对于远东物种还很陌生。虽然体型微小，但它很快就在栽培中大受欢迎，因为它在荫蔽花园以及冷凉温室中表现得很稳定。

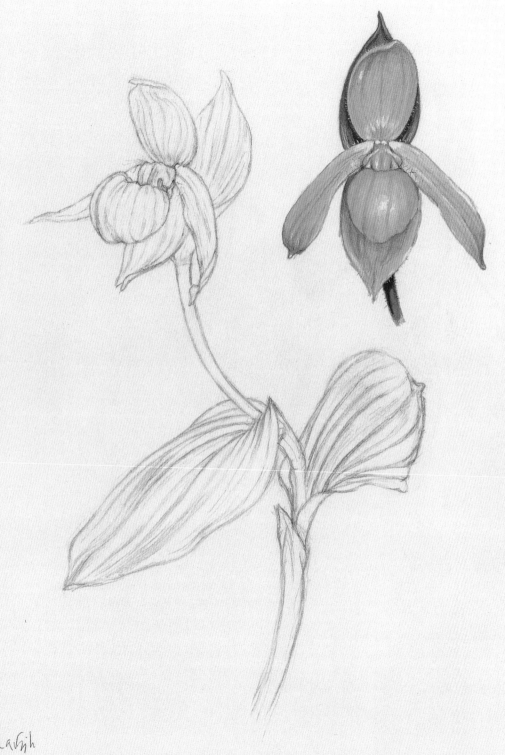

"米莱斯山"雪茄蔓足兰（*Cyrtopodium punctatum*）

或许是由于它们巨大的体型，以及对高温和强烈阳光的喜好，蔓足兰属总是被兰花种植者忽视。但是在 1986 年，位于泽西的埃里克·杨兰花基金会以强大的资源和天才创造了这株华丽的植物，"米莱斯山"雪茄蔓足兰。

"芬彻姆"雪茄蔓足兰（*Cyrtopodium punctatum*）

右页图：蔓足兰属大约有 30 个物种，分布在南美洲和西印度群岛。它们植株强健，有粗壮的假鳞茎。"芬彻姆"雪茄蔓足兰是原产圭亚那的某物种的无性育品种，于 1968 年由来自诺福克的著名兰花业余爱好者莫里斯·梅森展出。画上的这几朵花所在的单花序上有超过 150 朵花。

石斛杂交品种

石斛属（*Dendrobium*）是兰科最大的属之一，拥有 900 至 1400 个物种，能够与之相比的只有石豆兰属。它们遍布亚洲、太平洋群岛和澳大利西亚，生活环境和花朵形状十分多样。不过大多数物种都是附生植物——它们的名字正是由此而来，来自希腊语单词 *dendron*（树）和 *bios*（生命）。虽然石斛属的多样性极为丰富，兰花育种者仍然想要在自然的基础上更进一步。1890 年，詹姆斯·维奇父子公司倾情呈现阿斯帕西娅石斛（*Dendrobium* Aspasia，左上图），该杂交品种使用了最受欢迎的物种之一：原产印度和中国的石斛（*Dendrobium nobile*）。从天使之花石斛（*Dendrobium* Angel Flower，右上图）中也能看出来自同一亲本的影响，该复合杂交种在 1969 年由日本冈山的山本石斛农场展出。在东南亚、日本和夏威夷，石斛育种在产业中占有重要地位，种植的植株供应全球花卉贸易。在其中的许多杂交种和品种背后，都有来自一个极为重要亲本的影响，它就是来自巴布亚新几内亚和澳大利亚的双峰石斛（*Dendrobium bigibbum*，异名 *D. phalaenopsis*）。由夏威夷瓦胡岛的 H. 九岛培育，"埃斯"费伊夫人石斛（*Dendrobium* Lady Fay，右页图）是一个典型的蝴蝶型品种，如今在世界各地的花商那里都能找得到。

石斛属物种

石斛属杂交种固然极受欢迎，但石斛属原生物种本身也备受珍视。对巴布亚新几内亚的持续探索使人们得到了大量新的或对其知之甚少的物种，多样性丰富到令人吃惊。大多数物种株型较小或为微型植物，开出宝石似的花——空间有限种植者的完美之选。最鲜艳的种类之一是"帕姆·亨特"石斛（上图），它在1999年为多赛特西麦尔布礼的J. 亨特赢得一项优秀奖。一个多世纪前，同样的奖项颁给了一株"哈钦森品种"石斛（右页图），这个原产印度和中国的物种的精美类型是由伯恩茅斯的哈钦森少将展出的。这两株植物出现在一起，让我们清晰地看出这个千变万化的属内拥有多么丰富的类型，不难想象兰花种植者培育出第一批新几内亚微型石斛时内心的喜悦。

网脉萼距兰（*Disa uniflora*）

原产南非的网脉萼距兰是所有兰花中最著名且最具象征意义的种类之一，在大众想象中与其产地桌山联系紧密。像萼距兰属的所有 130 个物种一样，它是地生兰，有簇生块茎，喜潮湿但通气性良好的凉爽酸性基质。它的盛名（以及因此造成的稀有）加上对生长环境的特殊需求，让这种兰花以难以获得且更难种植而著称。当植株在栽培中成功开花时备受称赞——例如 1966 年展出的无性选育品种"桑德赫斯特"网脉萼距兰（左下图）。杂交提供了同时解决稀有和栽培困难这两个问题的途径。自 1980 年代起，新的杂交组合不但保持了网脉萼距兰的光辉，而且似乎还改善了它的花色。此外，像"熔岩"泡沫萼距兰（左上图）这样的杂交品种——1991 年获优秀奖，其植株强健，生长迅速，可以在加温设施最少的温室中繁茂生长。然而，真正的、纯种的网脉萼距兰仍然被认为是无与伦比的，就像 2000 年获奖的无性选育品种"乔纳森"（右页图）所展示的那样。

小龙兰属（*Dracula*）物种

与喀尔巴阡山脉的德古拉伯爵同名，该属兰花的属名 *Dracula* 来自拉丁语，意思是"一只小龙"。该属拥有约一百个物种，许多物种都有充满邪恶感的花形和花色，这也正是它名字的由来。小龙兰生活在中南美洲的冷凉云雾林中，是株型较小的植物，叶簇生，三角形花低垂且具长尾。它们和尾萼兰属（*Masdevallia*，小龙兰属曾包括在该属中）的不同之处在于唇瓣，小龙兰的唇瓣呈袋状，而且像一只向上翻过来的蘑菇——这是为了引诱蕈蚊前来授粉耍的把戏。小龙兰与其他几个属的兰花物种于 19 世纪末在兰花种植者中深受青睐，然后沉寂了将近一百年。它们衰落的原因很可能和苛刻的栽培需求（需荫蔽，以及冷凉、清爽但非常湿润的空气）有关；还有一个因素是在 20 世纪中期，艳丽的杂交品种使得迷人的原生物种黯然失色。然而在 1990 年代，小龙兰属物种东山再起：在哥伦比亚和厄瓜多尔发现了令人兴奋的新物种；电动排风扇和通风系统使得重建它们喜欢的生活环境成为可能；由于空间所限，业余爱好者们开始寻找株型更小但充满个性和趣味的植物。最壮观的物种之一是名字恰如其分的吸血鬼小龙兰（*Dracula vampira*）。这里列出了它的两个厄瓜多尔选育品种，"夜天使"（右图）和"摩根勒费伊"（右页图），由米德尔塞克斯郡恩菲尔德的约翰·赫尔曼斯分别于 1997 年和 1990 年推介。同样来自赫尔曼斯的还有"梅利奥达斯"猴面小龙兰（*Dracula simia*，第 178 页图）和"兰斯洛特"科尔多瓦小龙兰（*Dracula cordobae*，第 179 页图）。

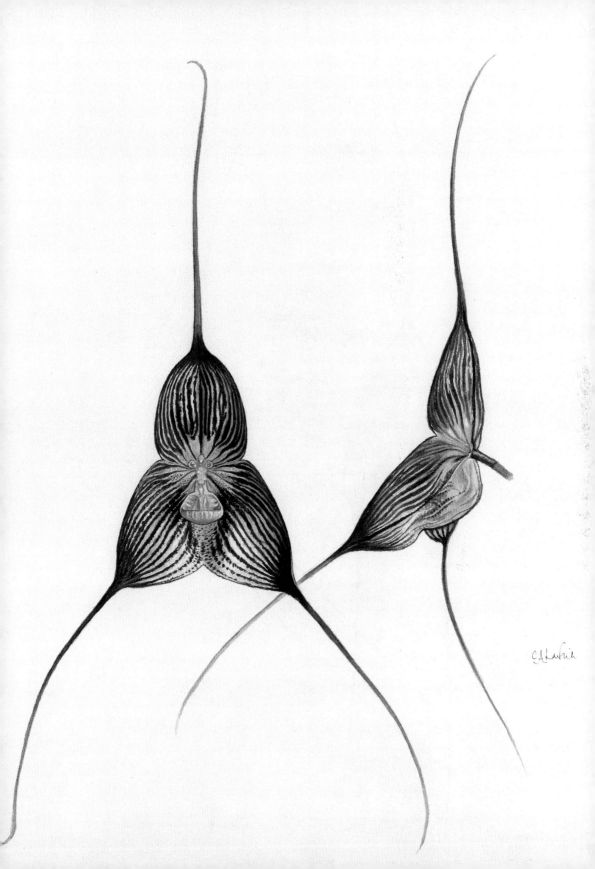

哈默尔兰杂交品种

来自南美洲的轭瓣兰属联盟各近缘属物种互相结合，得到了一些惹人注目的杂交种，它们开蜡质芳香花朵，呈紫色、紫罗兰色、淡紫红色甚至黑色。牛津郡布雷兹诺顿的乔治·布莱克拥有驾驭它们魔力的天赋。他展出的两个杂交品种分别是 1979 年获得优秀奖的怀念埃德蒙·哈考特哈默尔兰（上图）和 1990 年展出的"小丑"玛格丽特哈默尔兰（右页图）。

矮蕾丽兰（*Laelia pumila*）

约翰·林德利在为蕾丽兰属命名时使用了古罗马时期维斯塔贞女之一的名字。该属有约 70 个物种，遍布美洲热带和亚热带地区。它们株型各异，从高且细的到短且壮的再到矮生类型应有尽有。大多数物种的花都很像卡特兰的花，它们与该属的亲缘关系也很近，互相之间可以自由杂交。最受青睐的物种之一是来自巴西的矮蕾丽兰，微型植株上开放大得不成比例的惹眼花朵。图中的选育品种叫作"加顿公园"，由杰雷米亚·科尔曼爵士在 1897 年展出。

红花蕾丽兰（*Laelia rubescens*）

1897 年末，伟大的兰花业余爱好者、皇家园艺学会主席特雷弗·劳伦斯爵士用一株红
花蕾丽兰赢得优秀奖，这株蕾丽兰来自伯福德，爵士位于多金的庄园。虽然不像矮蕾
丽兰那样袖珍，但它依然是蕾丽兰属中较小的物种，强健的小型植株上抽生高且头重
脚轻的花序，花大且有甜香。它来自从墨西哥至巴拿马的中美洲地区。

蕾卡兰杂交品种

与近缘的卡特兰属物种杂交后,蕾丽兰属物种将它们的许多特点传递给了后代,包括更整齐的株型,形状美观的更小的花,缎子般的顺滑质感以及从亮橙色至鲜红色、青铜色和深红色的多种花色。1925 年,"梅岗蒂克"丰沛蕾卡兰(上图)荣获优秀奖。由苏塞克斯郡的 J. & A. 麦克贝恩公司培育,它是哈里亚纳卡特兰和塞尔维亚蕾卡兰的杂交后代。"节点"梅多夫人蕾卡兰(右页图)由卡尔·霍姆斯夫人在 1927 年展出。它是维纳斯卡特兰和金光蕾卡兰杂交得到的。

"壮丽"贝尔特·福涅尔蕾卡兰

（*Laeliocattleya* Berthe Fournier）

右页图：1900 年，法国育种者夏尔·马龙展出的杂交种"壮丽"贝尔特·福涅尔蕾卡兰荣获一等认证奖。它是"美好时代"[1]的华丽植物，常用来别在时尚女性的外衣上作为装饰。奇怪的是，亲本之一优雅蕾卡兰的特征几乎完全掩盖了另一亲本"金黄"卡特兰的花形和花色。

"露丝"阿佛洛狄忒蕾卡兰

（*Laeliocattleya* Aphrodite）

右图：紫纹蕾丽兰（*Laelia purpurata*）与暗红蕾丽兰（*Laelia tenebrosa*）相似，主要区别在于花色，它呈白色或最浅的玫瑰粉色，唇瓣为紫色的渲染效果。1899 年获奖的杂交品种"露丝"阿佛洛狄忒蕾卡兰就是它和来自哥伦比亚的门氏卡特兰（*Cattleya mendelii*）的后代。两个亲本的花色很接近，不过卡特兰为杂交种带来了更大的尺寸和慵懒的花香。

琳达蕾卡兰

（*Laeliocattleya* Linda）

第 186 页图："金黄"卡特兰金光灿烂的色调与洋红色的阿拉喀涅蕾卡兰相遇，创造出拥有明亮肉粉花色的琳达蕾卡兰。1918 年由苏塞克斯郡库克斯布莱奇的 J. & A. 麦克贝恩公司展出。

哈罗迪亚娜蕾卡兰

（*Laeliocattleya* Haroldiana）

第 187 页图：来自巴西的暗红蕾丽兰是最引人注目的蕾丽兰属物种之一——植株高且壮，花开繁茂，花朵如卡特兰一般大，下垂的花被片呈黄玉色至发黄的青铜色，唇瓣呈酒红色。它与哈里亚纳卡特兰杂交后得到哈罗迪亚娜蕾卡兰，这个杂交种于 1901 年展出。

1　编注：指第一次世界大战之前的安逸和平时期。

N.R.

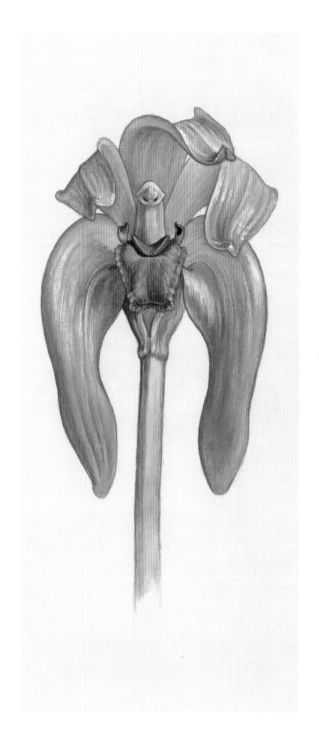

"管家小屋"长瓣薄叶兰
（*Lycaste longipetala*）

左图及右页图：薄叶兰属的一类独特物种开绿色花，带有从碧玉至苹果绿或橄榄绿的一系列色调。1994年，苏塞克斯郡克劳利顿的劳伦斯·霍布斯兰花公司用这株壮观的"管家小屋"长瓣薄叶兰赢得优秀奖。该物种分布在厄瓜多尔、秘鲁、哥伦比亚和委内瑞拉，花莛高达60厘米，每朵花上端与下端的距离长达16厘米。

杂交薄叶兰和芭芭拉·桑德薄叶兰
（*Lycaste* Barbara Sander）

原产美洲热带和亚热带地区的薄叶兰属植物有粗壮的假鳞茎和带褶皱的大叶子。它们的尺寸使得在大型温室的时代过去之后，它们在兰花业余爱好者当中的受欢迎程度随之降低，但最近它们却有东山再起之势——它们在德国和日本很受重视。1902年是薄叶兰的最后一个高峰年，一种杂交薄叶兰（第190页图）为查尔斯沃思公司赢得实至名归的优秀奖。桑德公司在1948年展出的芭芭拉·桑德薄叶兰（第191页图）是一个典型的大花杂交薄叶兰，开有花色浓郁的蜡质花朵。

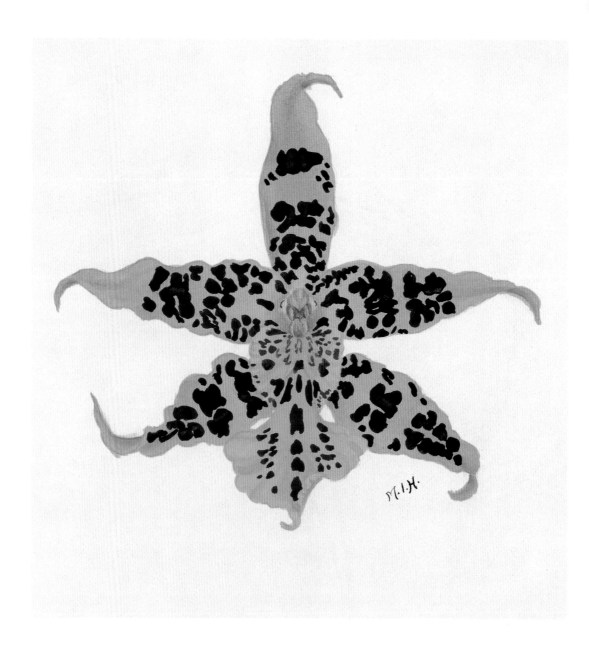

"米莱斯山"帕甘情歌麦克莱伦兰（*Maclellanara* Pagan Lovesong）

长萼兰属（*Brassia*）、齿舌兰属（*Odontoglossum*）、文心兰属（*Oncidium*）互相杂交后得到了杂交属麦克莱伦兰属。该属的命名是为了纪念罗斯·麦克莱伦，这株"米莱斯山"帕甘情歌麦克莱伦兰的培育者，它的亲本是虎威齿文兰和疣点长萼兰，1980 年由埃里克·杨兰花基金会展出。

"哈恩瓦尔德"纪念阿图尔·艾丽麦克莱伦兰（*Maclellanara* Memoria Artur Elle）
大多数麦克莱伦兰植株健壮，花序上着生花瓣细长的花朵，呈奶油色、黄色和橄榄绿色，有虎皮条纹和豹纹斑点——就像这株"哈恩瓦尔德"纪念阿图尔·艾丽麦克莱伦兰一样，它在 1988 年为科隆的 R. 弗里斯赢得一项优秀奖。

N.R.

尾萼兰属（*Masdevallia*）

以西班牙植物学家兼医生何塞·马斯德瓦尔的名字命名的尾萼兰属包括超过350个分布于中南美洲的兰花物种。它们是兰花界的精品——小小的植株，整齐簇生的桨状叶片，萼片大大拉长并合生成多种形状，并呈现丰富的（通常是鲜艳的）颜色。在19世纪，它们极为流行并受到育种者的关注，这株镰刀尾萼兰（*Masdevallia* Falcata，左图）就是明证，它是维奇氏尾萼兰和"林登"雪鸟尾萼兰的杂交种，由特雷弗·劳伦斯爵士在1899年展出。在20世纪末，随着兰花种植者们开始寻找能够在加温设施有限的小型温室里轻松种植的植物，它们再次受到青睐。这次吸引兰花种植界注意力的物种之一是门多萨尾萼兰（*Masdevallia mendozae*）；这个叫作"橙薄荷"（右页图）的选育品种在1990年获得优秀奖。

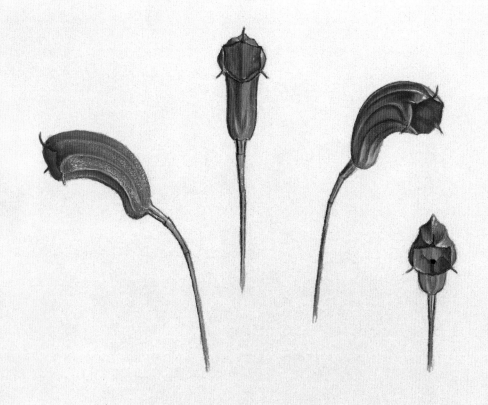

尾萼兰属（*Masdevallia*）

另外两种尾萼兰也展示了该属内花形和花色的丰富程度——以及它们在其高峰期过去一个世纪后依然令人惊喜的能力。精致的粉色"贝罗姆斯贝罗宫"多腺尾萼兰（*Masdevallia glandulosa*，下图）由D. G. 奥尔布赖特小姐在 1987 年展出，而在此 80 年前，特雷弗·劳伦斯爵士 1906 年展出的"伯福德"火红尾萼兰（*Masdevallia ignea*，右页图）荣获一项优秀奖。

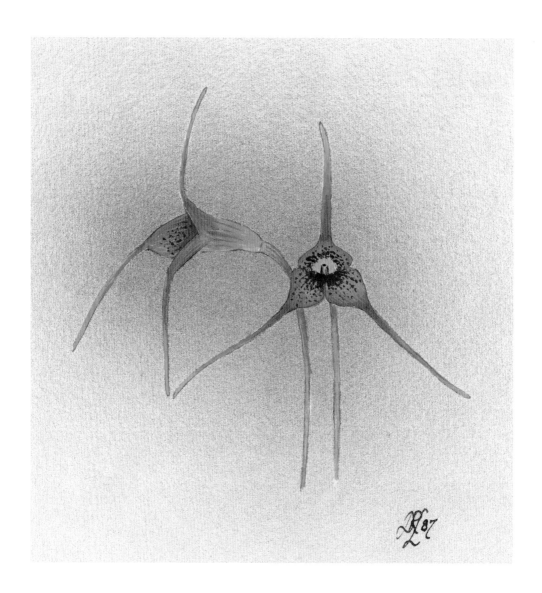

JAKOB · '81

长萼丽堇兰杂交品种

长萼丽堇兰属（*Miltassia*）是长萼兰属（*Brassia*）与丽堇兰属（*Miltonia*）的杂交属。"阿什树"清晨天空长萼丽堇兰（上图）在 1981 年首次登台亮相。这株充满大胆创新精心的杂交兰花是牛津郡布雷兹诺顿的兰花育种者乔治·布莱克培育的，结合了狂欢长萼丽堇兰和马托·格罗索丽堇兰的基因，得到的植物兼具长萼兰灵秀细腻的斑纹和丽堇兰温暖宜人的色彩。由北奥公司培育并于 1979 年向皇家园艺学会兰花委员会展示的"米莱斯山"穆里耶湾长萼丽堇兰（右页图）的亲本是查尔斯·M. 费奇长萼丽堇兰和华丽的雷克斯长萼兰。花朵的尺寸、细长的萼片以及深栗色的印记都清晰地反映了来自雷克斯卡萼兰的影响。

丽堇兰属（*Miltonia*）

以菲茨威廉·密尔顿勋爵（1786-1857年）之名命名的丽堇兰属，以及与其亲缘关系极近的美堇兰属（*Miltoniopsis*，该属在进行登录时纳入丽堇兰属内）共包括约25个美丽的物种，都来自南美凉爽的云雾林。在许多最著名的物种中，花有圆形被片和非常宽的唇瓣，被片和唇瓣或多或少都呈平展状，因此它们也被称为"三色堇兰"。在爱德华七世时代，兰花育种者它们是青眼有加，然而它们的流行风潮在两次世界大战之间消退，直到兰花种植成为更广泛的全面爱好之后才有所恢复。这里描绘的是横跨上个世纪的三种三色堇兰："泽西"科提尔点丽堇兰（左上图）是赤木丽堇兰和"4N"情感丽堇兰的杂交后代，由埃里克·杨兰花基金会在1998年展出。"麦克贝恩"蝴蝶丽堇兰（右上图）于1910年由苏塞克斯郡库克斯布莱奇的J. & A. 麦克贝恩公司从哥伦比亚野生物种蝴蝶丽堇兰（*Miltonia phalaenopsis*）中选育得到。"策勒"巴登巴登丽堇兰（右页图）是罗伯特·帕特森丽堇兰和卡斯·艾琳丽堇兰的杂交后代，由德国策勒的H. 维希曼在1959年展出。

"兰丘"灰蝶丽堇兰（*Miltonia* Lycaena）

1929 年，伟大的兰花业余爱好者巴龙·布鲁诺·施罗德推出"兰丘"灰蝶丽堇兰。作为玛丽公主丽堇兰和兰伯恩勋爵丽堇兰的杂交后代，它是当时该类群中花朵最大的杂交种之一，其向四周辐射的壮观花色轰动一时。

"斯通赫斯特"奥古斯塔丽堇兰（*Miltonia* Augusta）

右页图：在大花杂交丽堇兰中至臻完美的"斯通赫斯特"奥古斯塔丽堇兰结合了加顿丽堇兰和灰蝶丽堇兰的基因。它在 1964 年 3 月由苏塞克斯郡阿丁莱的 R. 施特劳斯展出并获得优秀奖。最近，像这样的三色堇兰已经成为热门的室内植物。

"加里布埃尔"比诺提丽堇兰（*Miltonia* Binotii）

1905 年由萨里郡的 G. B. 加里布埃尔展示，"加里布埃尔"比诺提丽堇兰被认为是雪白丽堇兰和伦氏丽堇兰的天然杂交种。它们都是来自巴西的物种：前者的花被片呈黄白色带栗色条带，白色唇瓣上有紫色斑点；后者的花色包括了从最浅的粉色至淡紫色。该杂交种清晰地表现出这两个物种带来的影响。

卡尔·霍姆斯夫人丽堇兰（*Miltonioda* Mrs Carl Holmes）

丽堇兰属是齿舌兰属（*Odontoglossum*）近缘类群——这为复杂且迷人的杂交后代创造了条件。例如，卡尔·霍姆斯
夫人丽堇兰结合了威廉·皮特丽堇兰和雄鸡瘤唇兰的基因；也就是说它的一个亲本是丽堇兰，另一个亲本是齿舌兰
属和蜗牛兰属物种的杂交后代。这株兰花于 1931 年展出，为它的种植者，来自斯劳的布莱克和弗洛里公司赢得一项
优秀奖。

"米莱斯山"西方瘤唇兰（*Odontioda* West）

瘤唇兰属是齿舌兰属－文心兰属联盟内的第一个杂交属，最早的杂交种注册于 1904 年。它们是在尺寸和形状方面都非常多样化的植物，不过许多种类都具有亲本齿舌兰平展并带花边的轮廓，以及蜗牛兰生动鲜明的花色（各种红色、粉色和暗品红色）。例如，"米莱斯山"西方瘤唇兰是英格拉瘤唇兰和潘尼斯齿舌兰的杂交后代，1988 年由埃里克·杨兰花基金会展出。

"利奥斯至尊"杜尔汗星系瘤唇兰（*Odontioda* Durhan Galaxy）

直到 20 世纪末，人们对杂交瘤唇兰的兴趣都没有一丝减退，颜色更加鲜艳、图案更加出色的植株层出不穷。其中的典型就是"利奥斯至尊"杜尔汗星系瘤唇兰，由海沃兹希思的查尔斯沃思公司在 1990 年展出。作为英格拉瘤唇兰和佛罗伦萨斯特灵瘤唇兰的杂交后代，它持久开放的花朵就像一只樱桃红色的蛾子，为它赢得一项当之无愧的优秀奖。

瘤唇兰杂交品种

虽然许多瘤唇兰都延续了祖先齿舌兰（*Odontoglossum crispum*）平整且带花边的花形，但是有些瘤唇兰也拥有不那么传统的样貌；例如"泽西"拉乌格比瘤唇兰（左页图）和"圣赫利尔"贝凯·文森特瘤唇兰（上图），它们都是由泽西的埃里克·杨兰花基金会展出的，并分别在 1991 年和 1998 年获得优秀奖。

"圣赫利尔"德沃西亚纳瘤唇兰
（*Odontioda* Devossiana）

作为一个初级杂交种，"圣赫利尔"德沃西亚
纳瘤唇兰的亲本是多分枝的爱氏齿舌兰和花色
鲜艳的蜗牛兰。由泽西的埃里克·杨基金会在
1995 年展出，这株瘤唇兰获得一项优秀奖，并
充分证明初级杂交种（由两个原生物种直接杂
交形成的杂交种）的植株可能拥有比最复杂的
杂交品种更大的园艺价值。

齿文兰杂交品种

拥有遍布美洲热带和亚热带地区的 450 多个物种，文心兰属（*Oncidium*）杂交育种的巨大潜力是意料之中的。出乎意料的是，它与其近缘属齿舌兰属（*Odontoglossum*）的属间杂交相对较少。文心兰属植物的花通常较小，花量丰富，颜色鲜艳，而且有很多黄色和棕色。与齿舌兰属杂交后，它们的尺寸和体型会增大，就像这两个杂交种展示的那样："泰格曼"珀贝克金齿文兰（上图）是来自墨西哥的虎斑文心兰和金杯齿舌兰属的杂交后代，1983 年为多塞特郡的基思·安德鲁斯兰花公司赢得优秀奖；以及 "米莱斯山" 日出谷齿文兰（右页图），也是虎斑文心兰参与的杂交种，由北奥公司培育，并在 1981 年由埃里克·杨兰花基金会送展。

"沃克尔"齿舌兰（*Odontoglossum crispum*）

上图：在园艺上，齿舌兰属是兰科最重要的属之一，已经创造出了数以千计的杂交种。特别是来自哥伦比亚的物种齿舌兰（*Odontoglossum crispum*），它为许多最好的杂交齿舌兰贡献了自己的基因。"沃克尔"齿舌兰是该物种的纯无性选育品种，在1906年荣获优秀奖。

齿舌兰杂交品种

皱波齿舌兰参与杂交的众多杂交齿舌兰中包括："米莱斯山"格鲁维尔湾齿舌兰（右页图）；"皮蒂"威奇努姆齿舌兰（第218页图）；以及"精致"皱波齿舌兰（第219页图），齿舌兰和橘黄齿舌兰的杂交后代。

N. R.

N.R.

齿舌兰杂交品种

齿舌兰属拥有大约 60 个物种,主要分布在南美洲的高海拔地区。它们的属名来自希腊语单词 *odontos*(牙齿)和 *glossa*(舌),指的是唇瓣上齿状的突出结构。该特征在这两种花上体现得很明显:"巨人"萌芽齿舌兰(左页图),它是阿基塔尼亚齿舌兰和沙皇齿舌兰的杂交后代,1938 年由苏塞克斯郡的查尔斯沃思公司展出;以及奥雷奥齿舌兰(上图),1923 年由萨里郡的潘提亚·拉利送展并获得优秀奖。

齿堇兰杂交品种

这里展示了齿舌兰属联盟的另两个初级杂交种。圣奥尔本齿堇兰（上图）由位于圣奥尔本的桑德苗圃在 1912
年送展。它的亲本分别是原产哥斯达黎加、哥伦比亚和秘鲁的沃氏丽堇兰（*Miltonia warscewiczii*）和来自哥伦
比亚的佩斯卡托齿舌兰（*Odontoglossum pescatorei*）。植物学家们如今认为第一个亲本其实应该叫作暗褐文心兰
（*Oncidium fuscatum*），第二个亲本则应该是高贵齿舌兰（*Odontoglossum nobile*），所以严格地说这个杂交种应该是
一种齿文兰（*Odontocidium*）。乔伊斯齿堇兰（左页图）是皮蒂齿堇兰和提提俄斯齿舌兰的杂交后代，由苏塞克
斯郡的查尔斯沃思公司在 1924 年展出。

N.R.

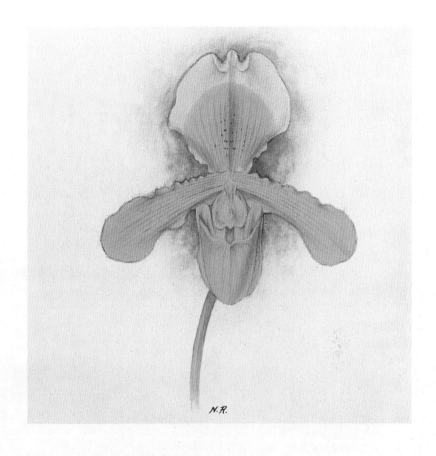

"桑德"美丽兜兰（*Paphiopedilum insigne*）

自 1819 年从尼泊尔引进以来，美丽兜兰就是种植最广泛的"拖鞋兰"物种之一。除了它的美丽，极强的适应能力也是让它风靡于世的重要原因。它能耐受寒冷、贫瘠、空气污染——除了过久旱涝及灼热阳光之外的任何危险。美丽兜兰有众多得到命名的品种，"桑德"就是其中最著名的之一。它的花上没有印记，颜色介于浅报春黄和芥末黄之间，中萼片顶端为醒目的白色。1903 年，诺森伯兰群奥克伍德的诺曼·库克森用这一著名品种的实生苗改良类型"奥克伍德幼苗"获得一项优秀奖。

"拉利"库克索尼娅文达兰（*Oncidioda* Cooksoniae）

左页图：原产厄瓜多尔、秘鲁和哥伦比亚的大花文心兰（*Oncidium macranthum*）是一种奇怪的兰花。它的花莛高达 3 米，有分枝，有时候甚至会缠绕在支撑它们生长的树上。花大，赭石色被片具爪且呈波浪形，唇瓣小，呈白色并有栗色边缘。相比之下，来自秘鲁的瘤兰（*Cochlioda noezliana*）则是一种株型整齐的植株，花朵为明亮的猩红色。它们杂交之后就得到了壮观的"拉利"库克索尼娅文达兰，它的分枝花序轻盈通透，开鲜红色花。这株植物在 1913 年由萨里郡阿斯特德庄园的潘提亚·拉利展出。

兜兰杂交品种

在这两个兜兰杂交品种之中，我们能看出这个最受欢迎的兰科属的神奇魅力：巴
尔多文兜兰（左页图），是克洛丽丝兜兰和尼尔·皮特兜兰的杂交后代，由苏塞
克斯郡阿丁莱的罗伯特·帕特森在 1929 年展出；以及"皇家黑"费尔−莫德兜
兰（上图），这个外表充满邪恶感的杂交种是莫德兜兰和费氏兜兰的杂交后代，
1988 年由德国的波恩皇家兰花公司展出。

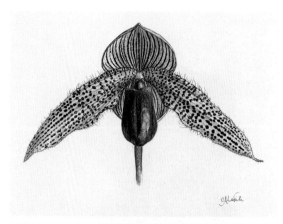

"库克斯布莱奇巨人"晚安兜兰

（*Paphiopedilum* Bonne Nuit）

左上图：杂交兜兰另类且较新的趋势是展示它们野生祖先的所有奇异之美，如这株"库克斯布莱奇巨人"晚安兜兰。1992年由苏塞克斯郡的 J. & A. L 麦克贝恩公司展出，该杂交种结合了婚礼钟兜兰和国王兜兰的基因。

"庄严"阿拉贡兜兰

（*Paphiopedilum* Aragon）

左下图：1982年由牛津郡的拉特克利夫兰花公司展出，"庄严"阿拉贡兜兰完美地反映了19世纪末和20世纪大部分时间里兜兰育种的趋势。这段时间的理想型是完美均衡、几乎呈圆形的花朵，带有细腻斑纹和高光泽度。

"黑王子"费氏兜兰

（*Paphiopedilum fairreanum*）

右页图：不过，很少有杂交种能够媲美来自印度北部、锡金和不丹的费氏兜兰的奇异的美。这个叫作"黑王子"的选育品种在1907年为圣奥尔本斯的桑德公司获得一项优秀奖。

M.I.H.

本迪戈兜兰

（*Paphiopedilum* Bendigo）

作为尼俄柏兜兰和布龙齐诺兜兰的杂交品种，本迪戈兜兰在 1926 年由格洛斯特郡温斯特顿伯特的 H. G. 亚历山大送展，并获得优秀奖。

"少年"巨瓣兜兰

（*Paphiopedilum bellatulum*）

左页图：巨瓣兜兰生长在泰国石灰岩断崖上。除了低矮的、具有大量斑点的花朵之外，它的叶片也值得称道，其上表面有苔藓状的美丽花纹。这种无性选育品种叫作"少年"，1980 年由牛津郡的拉特克利夫兰花公司展出。

"弗朗索瓦丝·勒古菲尔"米娜·德瓦莱科兜兰
（ *Paphiopedilum* Mina de Valec ）

右图：在同一年，瓦舍罗和勒古菲尔公司展出了一株在某种程度上更古典的杂交种。"弗朗索瓦丝·勒古菲尔"米娜·德瓦莱科兜兰是阿尔玛伦兜兰和米提里尼兜兰的杂交后代，也是一类很受欢迎的兜兰类群——莫德杂交兜兰——的精美范例。

"米莱斯山"格洛丽亚诺格尔兜兰
（ *Paphiopedilum* Gloria Naugle ）

左页图：两种最引人注目的兜兰以出乎意料的组合创造出了"米莱斯山"格洛丽亚诺格尔兜兰。亲本是来自中国的硬叶兜兰，花呈玫瑰红色，外形矮胖且强烈膨大；另一个系本是来自婆罗洲的国王兜兰，花瓣长，花的脉纹明显且有斑点。1998 年由埃里克·杨兰花基金会展出并获得优秀奖。

"管家小屋"麻栗坡兜兰（ *Paphiopedilum malipoense* ）和"泽西岛"维多利亚村庄兜兰（ *Paphiopedilum* Victoria Village ）

上个世纪末，在中国南方发现的一群杰出的新物种改变了兜兰栽培的面貌。它们的花朵大、花色丰富〔杏黄兜兰（ *P. armeniacum* ）的黄色，麻栗坡兜兰（ *P. malipoense* ）的绿色和栗色，硬叶兜兰（ *P. micranthum* ）的玫瑰粉色〕，而且唇瓣还膨大得很厉害，外表看上去更像杓兰属物种的唇瓣。苏塞克斯郡克劳利顿的 S.霍兰夫人在 1999 年展出了"管家小屋"麻栗坡兜兰（第 234 页图）。在同一年，泽西的埃里克·杨兰花基金会用"泽西岛"维多利亚村兜兰（第 235 页图）赢得一项优秀奖，它是麻栗坡兜兰和万代·M. 皮尔曼兜兰的杂交后代。

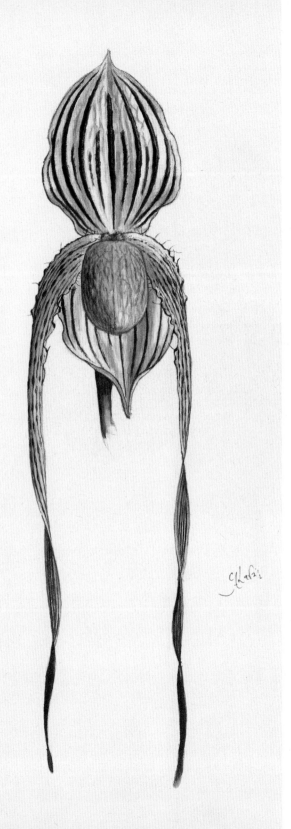

维拉·佩利恰兜兰

（ *Paphiopedilum* Vera Pellechia ）

到 1990 年代，杂交兜兰的新时尚完全确立了，这种时尚追求花形和花色与原生物种的相似，打破了以前圆形光滑花朵的传统。这次，埃里克·杨兰花基金会将强大的育种实力聚焦在 1946 年由桑德公司推出的一个初级杂交种上，它是菲律宾兜兰和国王兜兰的杂交后代。它的名字叫圣斯威辛兜兰，基金会决定将它与来自沙捞越的粉妆兜兰杂交。得到的杂交种就是维拉·佩利恰兜兰，这里展示了它的两个无性选育品种——1999 年获得优秀奖的"泽西"（左图），以及在前一年同样获奖的"三一"（右页图）。

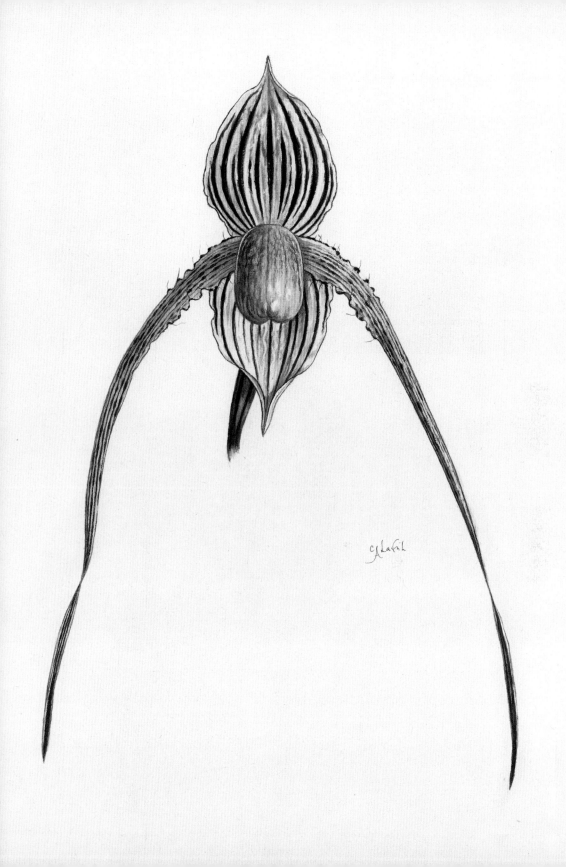

N. R.

鹤顶兰属（*Phaius*）

鹤顶兰（*Phaius tankervilleae*）是最早进入西方栽培并开花的异域兰花之一。鹤顶兰属拥有约 50 个物种，分布于亚洲、印度洋群岛和澳大利亚北部，其属名来自希腊语的"灰色"——指的是植株受伤部位的变色。它们是非常华丽的兰花——地生兰，有漂亮的带褶皱叶片和强健的花序，奇怪的是它们从来没有特别流行过。哈罗德鹤顶兰（左页图）是诺曼鹤顶兰和桑德里亚努斯鹤顶兰的杂交后代，1903 年由诺森伯兰群奥克伍德的诺曼·库克森展出。艳丽程度稍逊一筹的是库珀氏鹤顶兰（*Phaius cooperii*，下图），1910 年由圣奥尔本斯的桑德公司展出。

费氏鹤顶兰（*Phaius francoisii*）

左下图：分布于马达加斯加的一些最迷人的鹤顶兰属物种属于一个特别的类群，之前曾被归为囊唇兰属（*Gastrorchis*）。1982 年，邱园的皇家植物园展出了"安妮"，费氏鹤顶兰（*Phaius francoisii*）的一个无性选育品种。

"克莱尔"美丽鹤顶兰（*Phaius pulcher*）和"克莱尔"娇美鹤顶兰（*Phaius pulchellus*）

在 1990 年代，人们对这些马达加斯加兰花的兴趣被伦敦的约翰·赫尔曼斯等兰花种植者的工作再次点燃。他培育的植株包括"克莱尔"美丽鹤顶兰（右下图）和精致的"克莱尔"娇美鹤顶兰（右页图），都是以他妻子的名字命名的。

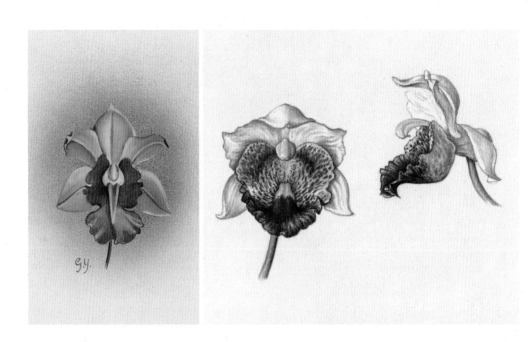

诺曼鹤顶兰（*Phaius* Norman）

由诺曼·库克森培育并在 1898 年展出，诺曼鹤顶兰是桑德里亚努斯鹤顶兰和疣唇鹤顶兰的杂交后代。
第一个亲本（更接近东方的鹤顶兰属物种）的浓郁花色在杂种后代上体现得很明显。第二个亲本是马
达加斯加的鹤顶兰属物种，开白花并有颜色鲜艳的唇瓣。

"皇家红"芭芭拉·金蝴蝶兰(*Phalaenopsis* Barbara King)

这个优雅的杂交蝴蝶兰呈现出奶油黄色、暗粉色和栗色,它是"皇家红"芭芭拉·金蝴蝶兰,1988年获得皇家园艺学会兰花委员会颁发的奖项。它是名如其花的红辣椒蝴蝶兰和莫莉摇篮曲蝴蝶兰的杂交后代。

"祖玛峡谷"阿马多·巴斯克斯蝴蝶兰

（ *Phalaenopsis* Amado Vasquez）

左上图：尽管以种植难度大著称，从 1980 年代
开始，蝴蝶兰依然成为了所有兰花中最流行也最
易得的类群之一。育种者创造出无数新植株，突
破了通常的纯白或粉色类型，具有深脉纹的花以
及黄色和紫色花都得到青睐。"祖玛峡谷"阿马
多·巴斯克斯蝴蝶兰是夏威夷阳光蝴蝶兰和画报
女郎蝴蝶兰的杂交后代。它由加利福尼亚马里布
的祖玛峡谷兰花公司在 1985 年送展，并获得一项
优秀奖。

"祖玛峡谷"邦妮·巴斯克斯蝴蝶兰

（ *Phalaenopsis* Bonnie Vasquez）

左下图：祖玛峡谷公司培育的又一种黄花蝴蝶兰，
"祖玛峡谷"邦妮·巴斯克斯蝴蝶兰，亲本包括多
脉蝴蝶兰。它有鲜艳的金黄色调和精致的脉纹。

"莫妮可"奥布拉克蝴蝶兰

（ *Phalaenopsis* Aubrac）

右页图：尽管出现了对鲜艳、具脉纹的品种的新
需求，传统的雪白色蝴蝶兰依然有市场空间。法
国种植商瓦舍罗和勒古菲尔公司培育的"莫妮
可"奥布拉克蝴蝶兰在 1984 年赢得一项优秀奖。
它是最精美的白色大花蝴蝶兰之一。这些植株本
身就绝好地反映了园艺时尚的变幻无常：它们在
1900 年还是富人的专享藏品，到 20 世纪末已经变
得很常见，可以从大多数花商和超级市场买到，
并点缀着无数办公楼的大堂。

PHAL: AUBRAC 'MONIQUE'

A.M., R.H.S., 21.5.84

"米莱斯山"布赖尔岛蝴蝶兰（*Phalaenopsis* Bryher）和"三一"贝尔·克鲁特蝴蝶兰（*Phalaenopsis* Bel Croute）

虽然1980年代蝴蝶兰育种已经成为庞大的产业，但仍有可能与原生物种杂交和回交，以贴近自然状态的路径得到令人惊奇的后代。泽西的埃里克·杨兰花基金会特别长于此道，培育出了"米莱斯山"布赖尔岛蝴蝶兰（上图），它的亲本是花上有条纹的菲律宾物种短梗蝴蝶兰和开紫花的婆罗洲物种大叶蝴蝶兰；以及出色的经典蝴蝶兰"三一"贝尔·克鲁特蝴蝶兰（右页图），其亲本是浅粉色的蝴蝶兰属物种小兰屿蝴蝶兰和阿本德罗特蝴蝶兰。

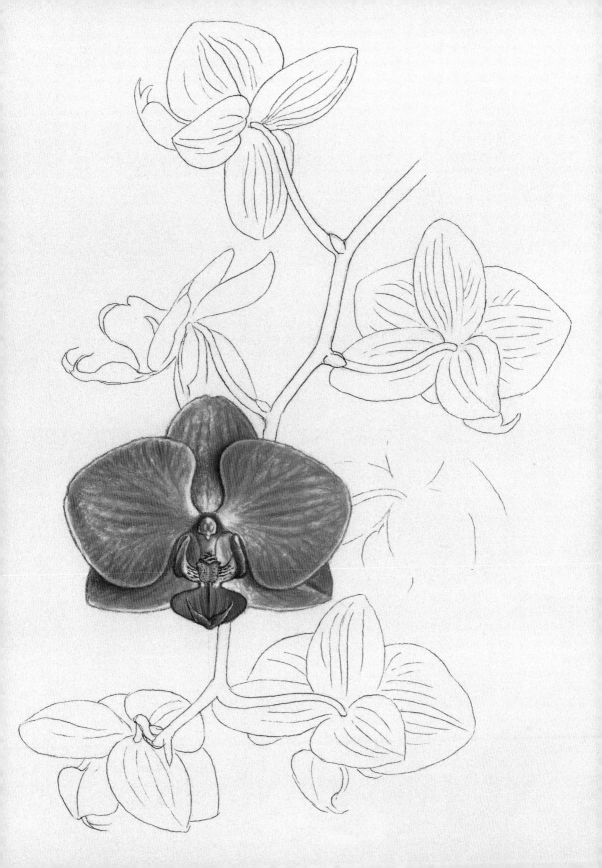

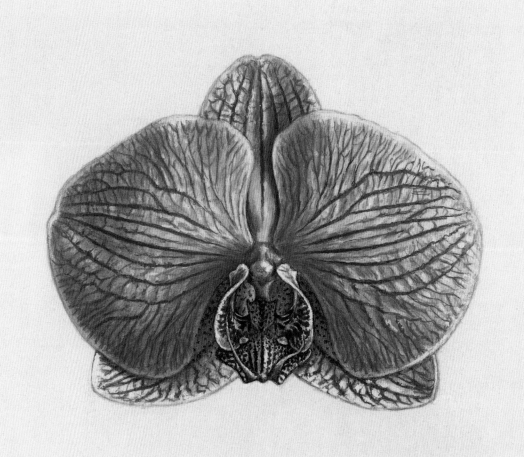

"大马基"布雷金里奇玫瑰金蝴蝶兰（*Phalaenopsis* Breckinridge Rosegold）和"米莱斯山"博波尔蝴蝶兰（*Phalaenopsis* Beauport）

蝴蝶兰的拉丁属名来自希腊语单词*phalaina*，意思是"蛾子"。这两个获奖杂交种是有着花瓣宽阔、形状平展的花形的典型代表，正是因为这种花形它们才有此称号。"大马基"布雷金里奇玫瑰金蝴蝶兰（左页图）是艾金蝴蝶兰和马里布条纹蝴蝶兰的杂交后代，1997年由北加利福尼亚的布雷金里奇兰花公司展出。"米莱斯山"博波尔蝴蝶兰（上图）是戏法蝴蝶兰和卡布里略之星蝴蝶兰的杂交后代，由泽西的埃里克·杨兰花基金会展出。

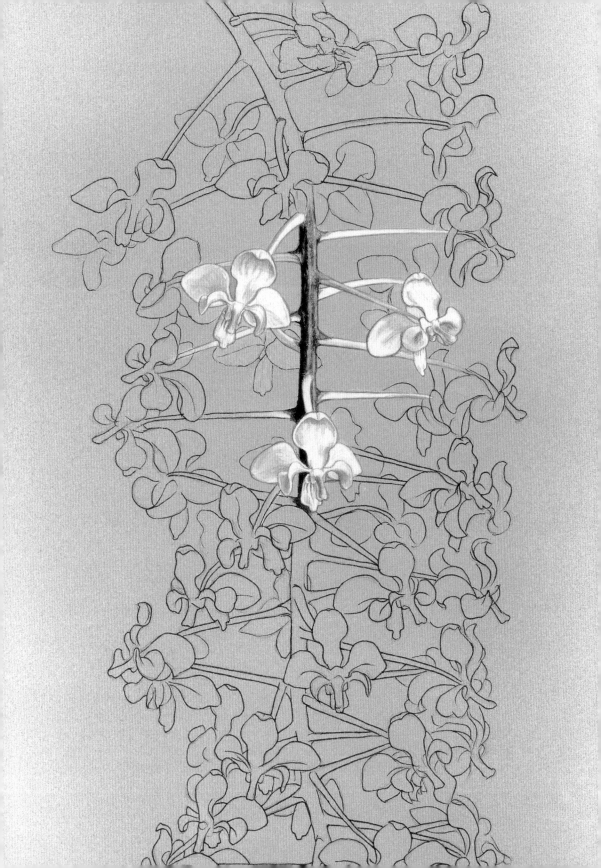

"三一"苏拉威西蝴蝶兰（*Phalaenopsis celebensis*）和"三一"晚安蝴蝶兰（*Phalaenopsis Bonne Nuit*）

尽管在快到20世纪末时，蝴蝶兰属内发生了大规模的杂交，但仍然能够偶遇没有掺杂其他物种基因的纯原生物种。1991年，泽西的埃里克·杨兰花基金会用这株杰出的"三一"苏拉威西蝴蝶兰（左页图）获得一项优秀奖，它在蝴蝶兰属物种中的特别之处是下垂的花序上着生大量较小的花朵。与此同时，该基金会也能创造复杂的杂交种，如1988年获得优秀奖的"三一"晚安蝴蝶兰（上图），亲本是圣马丁蝴蝶兰和博蒙特蝴蝶兰。

"黑珍珠"永春国王蝴蝶兰（*Phalaenopsis* Ever-spring King）和"米莱斯山"风采蝴蝶兰（*Phalaenopsis* Charisma）

虽然纯白花色的蝴蝶兰在 20 世纪末成为花商的理想型，不过兰花育种者们仍在继续追寻拥有异域风情花纹和颜色组合的花，如这里展示的"黑珍珠"永春国王蝴蝶兰（上图）。来自菲律宾的小叶蝴蝶兰（*Phalaenopsis stuartiana*）是一个华丽的物种，叶片有银色斑点，花有香味，开在分枝花序上，花色纯白，下半部分有绿色、巧克力色和金色斑点。"米莱斯山"风采蝴蝶兰（右页图）是该物种与乔利·罗杰蝴蝶兰的杂交后代。

"米莱斯山"春溪蝴蝶兰（*Phalaenopsis* Spring Creek）和"邦妮"甜蜜回忆蝴蝶兰（*Phalaenopsis* Sweet Memory）

绒瓣蝴蝶兰（*Phalaenopsis mariae*）也是一个原产菲律宾的物种，花朵宽 5 厘米，奶油白色花瓣上有紫色和棕色条纹。从杂交品种"米莱斯山"春溪蝴蝶兰（第 254 页图）上可以清晰地看出它的影响。"邦妮"甜蜜回忆蝴蝶兰（第 255 页图）的亲本分别是代芬特尔蝴蝶兰和大叶蝴蝶兰。后者是一个来自苏门答腊、婆罗洲和马来西亚的小型蝴蝶兰，花序短，颜色为浅紫色至深紫色。

N.R.

史塔基－曼尼蝴蝶兰（*Phalaenopsis* Stuarto-Mannii）

左页图：1898 年由切尔西的詹姆斯·维奇父子公司展出的史塔基－曼尼蝴蝶兰是一个初级杂交种，它的亲本是两种非常不同的蝴蝶兰物种。它拥有小叶蝴蝶兰优雅上升的花序和姿态美丽的花朵，以及原产越南和喜马拉雅地区的版纳蝴蝶兰浓密的锈色斑点。

"芬彻姆"象耳蝴蝶兰（*Phalaenopsis gigantea*）

作为原产婆罗洲和沙巴物种的无性选育品种，"芬彻姆"象耳蝴蝶兰在 1968 年由位于诺福克郡芬彻姆的塔尔博特庄园的 L. 莫里斯展出，并获得优秀奖。它是一种华丽的兰花，壮观、下垂的花序上开放有香味且花斑浓重的花。

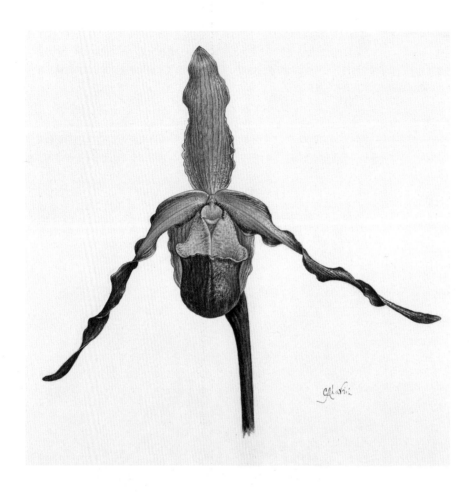

"泽西"巫师学徒美洲兜兰（*Phragmipedium* Sorcerer's Apprentice）

中南美洲共有 20 个美洲兜兰属（*Phragmipedium*）物种。从外表上看，它们很像兜兰和杓兰这些其他种类的"拖鞋兰"。它们奇异且华丽的花朵自 1875 年以来就一直吸引着育种者的兴趣。塞登美洲兜兰（*Phragmipedium* Sedenii）是最早的杂交种之一，它拥有漂亮的玫瑰红色花，是长叶美洲兜兰和哥伦比亚芦唇兰的杂交后代。它的品种名是为了纪念约翰·塞登（1840-1921 年），维奇苗圃的一位兰花杂交育种先驱。长叶美洲兜兰也是"泽西"巫师学徒美洲兜兰的亲本之一，后者是埃里克·杨基金会在 1995 年展出的杂交种。

"三一"埃里克·杨美洲兜兰（*Phragmipedium* Eric Young）

右页图：塞登美洲兜兰问世一个世纪后，人们对美洲兜兰育种的兴趣再次复兴，这在很大程度上要归功于来自秘鲁和哥伦比亚的一个物种，开鲜红色花的橙红美洲兜兰（*Phragmipedium besseae*）。它与长叶美洲兜兰是"三一"埃里克·杨美洲兜兰的亲本，后者于 1991 年由埃里克·杨基金会展出，并获得优秀奖。

"布罗克赫斯特"朱丽叶春黄兰（*Potinara* Juliettae）和"戴尔帕克"多萝西春黄兰（*Potinara* Dorothy）

春黄兰属是卡特兰属联盟内的四属杂交属——创造它需要四个属的物种参与：柏拉兰属、卡特兰属、蕾丽兰属和贞兰属。它的学名是以法国兰花种植者波坦先生的名字命名的。在这个杂交属内，贞兰属的影响很明显。"布罗克赫斯特"朱丽叶春黄兰（上图）是贞嘉兰属（*Sophrolaeliocattleya*）和柏拉卡特兰属（*Brassocattleya*）物种的杂交后代，贞兰（*Sophronitis coccinea*）生动的鲜红色十分显眼。在巴龙·布鲁诺·施罗德 1929 年送展的"戴尔帕克"多萝西春黄兰（右页图）中，你可以在深橙色的被片和朱红色的唇瓣上看出体型微小、原产巴西的贞兰的花色样式。

"磁力"午后喜悦春黄兰（*Potinara* Afternoon Delight）和梅格·达雷尔春黄兰（*Potinara* Meg Darell）

"磁力"午后喜悦春黄兰（左页图）是埃姆·格林春黄兰和奥兰柏拉蕾卡兰的杂交后代。1998年，该杂交种由伯克郡赫米蒂奇的科林·豪送展，并以其整齐匀称的花形和日落般的灿烂色调获得优秀奖。艳丽的梅格·达雷尔春黄兰（上图）也是一个花色壮观的杂交种，大约在1930年由兰花育种者巴龙·布鲁诺·施罗德展出。

"贝罗姆斯贝罗宫"黛娜·奥尔布赖特豹皮兰（*Promenaea* Dinah Albright）

古希腊历史学家希罗多德曾提到过普洛美涅亚，她是希腊古城多多那的女先知。两千多年后，约翰·林德利拂开历史的积尘，用她的名字命名了一个新属，它包括原产巴西的 15 个小型兰花物种。随着 20 世纪末人们对天然物种——特别是微型物种——的兴趣再次点燃，豹皮兰属（*Promenaea*）大受欢迎。"贝罗姆斯贝罗宫"黛娜·奥尔布赖特豹皮兰是一个精致的杂交种，于 1984 年被展出。

"蔡斯恩德"黛娜·奥尔布赖特豹皮兰（*Promenaea* Dinah Albright）

在展出"贝罗姆斯贝罗宫"黛娜·奥尔布赖特豹皮兰两年后，莱德伯里的贝罗姆斯贝罗宫的黛娜·奥尔布赖特用另一个杰出的杂交种赢得优秀奖，即"蔡斯恩德"黛娜·奥尔布赖特豹皮兰。两个杂交种都显示出了似豹皮花豹皮兰（*Promenaea stapelioides*）的影响，该物种拥有灰绿色叶片，黄白色的花上有丰富的栗色和紫色斑点。

"兰花天堂"莉娜·罗沃尔德火焰拟万代兰（*Renanopsis* Lena Rowold）和"艾利森"余烬火焰拟万代兰（*Renanopsis* Embers）

火焰拟万代兰属结合了来自东南亚的火焰兰属（*Renanthera*）和拟万代兰属（*Vandopsis*）的基因。最初的杂交是在新加坡进行的，而从那以后就不断地被重复着：在大多数情况下，这些植物都很大且健壮（株高常常超过2米），花的颜色也极为醒目。这些花结合了拟万代兰的尺寸和巨大的数量，以及火焰兰的优雅并炽烈的花色。这在杂交品种"兰花天堂"莉娜·罗沃尔德火焰拟万代兰（左页图）和"艾利森"余烬火焰拟万代兰属（上图）上体现得淋漓尽致。

洛氏折叶兰（*Sobralia* Lowii）和"查尔斯沃思"鲁氏折叶兰（*Sobralia ruckeri*）

分布于美洲热带的折叶兰的其拉丁属名来自 18 世纪的西班牙植物学家弗朗西斯科·索夫拉尔。折叶兰属大多数物种是大型植物，有丛生芦苇状的茎，顶端开放华丽但花期短暂的花朵。由于它们巨大的体型和短暂的花期，折叶兰近些年有些被遗忘。不过它们漂亮、容易栽培，用于温室花境和室内风景会是很不错的点缀。在 20 世纪初的时候，私人温室更大，加温费用也更低，那时这些地生兰比较受欢迎。洛氏折叶兰属（上图）由位于米德尔塞克斯的特威克南的亨利·利特尔于 1906 年展出，并赢得优秀奖。1910 年，海沃兹希思的查尔斯沃思公司展出了"查尔斯沃思"鲁氏折叶兰（右页图），它是原生物种的无性选育品种，可长至 2 米高，在之字形花梗上连续开放散发香味的花，每朵花的直径长达 20 厘米。

安提奥卡斯索夫卡特兰（*Sophrocattleya* Antiochus）和韦斯特菲尔德索夫卡特兰（*Sophrocattleya* Westfieldensis）

作为沃氏卡特兰和埃及艳后索夫卡特兰的杂交后代，安提奥卡斯索夫卡特兰（上图）在 1907 年由查尔斯沃思公司展出，获得一项优秀奖。韦斯特菲尔德索夫卡特兰（右页图）结合了卡特兰和卓越索夫卡特兰的基因。第一个亲本赋予该杂交种夸张的尺寸和形状，而索夫卡特兰给了它颜色浓郁的唇瓣。它在 1912 年由韦斯特菲尔德的弗朗西斯·韦尔斯利展出，荣获一项实至名归的优秀奖。

"凯旋"张伯伦索夫卡特兰（*Sophrocattleya* Chamberlainii）和卡吕普索索夫卡特兰（*Sophrocattleya* Calypso）

英国政治家约瑟夫·张伯伦是一位著名的兰花业余爱好者。除了标志性的装饰于纽扣孔的齿舌兰外，他还在位于伯明翰海布里的自己家中种植了种类众多的兰花。1899年，他用这株"凯旋"张伯伦索夫卡特兰（左页图）赢得一项优秀奖，该杂交种的亲本是贞兰和哈氏卡特兰。1892年由切尔西的詹姆斯·维奇父子公司展出的卡吕普索索夫卡特兰（上图）是贞兰和罗氏卡特兰的杂交后代。它说明并非所有杂交种都是两个亲本的中间类型，有时甚至可能称不上成功：这株植物的外貌几乎完全偏向卡特兰亲本，却没有继承任何一点自然优雅之风。

N.R.

紫皇索夫卡特兰（*Sophrocattleya* Purple Monarch）和尼迪亚索夫卡特兰（*Sophrocattleya* Nydia）

1928 年，苏塞克斯郡库克斯布莱奇的 J. & A. 麦克贝恩公司以紫皇索夫卡特兰（左页图）获得一项优秀奖。作为秀丽卡特兰和法博里斯索夫卡特兰的杂交种，它拥有红宝石色且带有金黄脉纹的唇瓣，而这也是秀丽卡特兰的特征。同样清晰地显露出第一亲本带来影响的还有 1907 年布拉德福德的查尔斯沃思公司展示的一个杂交种。尼迪亚索夫卡特兰（上图）在花形和花色上非常接近贞兰——狭窄的唇瓣、端庄娴静的姿态和鲜红的颜色，但第二亲本卡鲁玛塔卡特兰的影响几乎消失无形。

费利西娅索夫蕾丽兰（*Sophrolaelia* Felicia）

在形状上，索夫蕾丽兰属通常继承了贞兰属微小的尺寸和蕾丽兰属带尖的、几乎呈心形的唇瓣——如这株费
利西娅索夫蕾丽兰显示的那样。它的植株较小，开着大得不成比例的花。它作为"杰出"矮蕾丽兰和希顿索
夫蕾丽兰的杂交后代，于 1908 年由布拉德福德的查尔斯沃思公司展出。

格拉特里克斯索夫蕾丽兰（*Sophrolaelia* Gratrixiae）

颜色浓郁的格拉特里克斯索夫蕾丽兰属将两个看似不太可能的亲本结合在一起，一个是花色幽暗的华丽的暗红蕾丽兰，另一个是颜色鲜艳的小型植株贞兰。它在 1907 年由布拉德福德的查尔斯沃思公司展出，获得一项优秀奖。

"华丽"格拉特里克斯索夫蕾丽兰（*Sophrolaelia* Gratrixiae）和希顿索夫蕾丽兰（*Sophrolaelia* Heatonensis）

同一对亲本的后代也会拥有极为多样的变异，同样以暗红蕾丽兰和贞兰为亲本，"华丽"格拉特里克斯索夫蕾丽兰（上图）就是一个绝好的例子，它的花色就没有那么肃穆。它在 1907 年由牛津沙伯里的 F. 门蒂思·奥格尔维展出。希顿索夫蕾丽兰（右页图）则使用了另一种植株较大的蕾丽兰属物种紫纹蕾丽兰搭配低矮的贞兰。它在 1902 年由查尔斯沃思公司展出。

N. R.

美狄亚贞嘉兰（*Sophrolaeliocattleya* Medea）和"路斯崔西玛"灯塔贞嘉兰（*Sophrolaeliocattleya* Beacon）
在美狄亚贞嘉兰（上图）中，可以从伸出的舌形樱桃色唇瓣上看出来自巴西的物种二色卡特兰的影响。
它在 1907 年由格洛斯特郡温斯特顿伯特的乔治·霍尔福德爵士展出。1932 年由 H. G. 亚历山大展出的
"路斯崔西玛"灯塔贞嘉兰（右页图）是一个极为艳丽的杂交种，将所有玫红卡特兰的浓郁以及贞兰的
热烈显露无遗。

N.R.

阿莱莎贞嘉兰（*Sophrolaeliocattleya* Alethaea）和"荷花"达那厄贞嘉兰（*Sophrolaeliocattleya* Danae）

原产委内瑞拉的珀西瓦尔卡特兰（*Cattleya percivaliana*）花期短暂，花朵醒目且有麝香味，呈淡紫色至玫瑰色。在阿莱莎贞嘉兰（左页图）中，它与格拉特里克斯索夫蕾丽兰相结合，创造出这个花期更长的杂交品种，花为明亮的肉粉色，并带有杏黄色晕染效果。该杂交种在 1910 年由伦敦帕特尼的 H. S. 古德森展出。在"荷花"达那厄贞嘉兰（上图）中，几乎察觉不到贞兰亲本的影响，而卡特兰和蕾丽兰亲本的影响很明显。作为哈氏卡特兰和蕾塔索夫蕾丽兰的杂交后代，它于 1908 年由格洛斯特郡温斯特顿伯特的乔治·霍尔福德爵士展出。

古德森贞嘉兰（*Sophrolaeliocattleya* Goodsonii）和娜内特贞嘉兰（*Sophrolaeliocattleya* Nanette）

1911 年由帕特尼的 H. G. 古德森展出的古德森贞嘉兰（上图）结合了希顿索夫蕾丽兰和光明蕾卡兰的基因。它的花在很大程度上继承了蕾丽兰的花形以及唇瓣的深色。相比之下，娜内特贞嘉兰（右页图）亮粉的花色和蓬乱的轮廓则表现了其卡特兰亲本的影响。作为默兹贞嘉兰和黛娜卡特兰的杂交种，它在 1930 年由苏塞克斯郡库克斯布莱奇的 J. & A. 麦克贝恩公司展出，并获得优秀奖。

"深漆"火箭烈焰贞嘉兰（*Sophrolaeliocattleya* Rocket Burst）和橄榄贞嘉兰（*Sophrolaeliocattleya* Olive）

这两个杂交种显示了贞兰属亲本对后代的矮化作用。加利福尼亚旧金山的罗德·麦克莱伦公司用"深漆"火箭烈焰贞嘉兰（左页图）获得一项优秀奖。作为拉贾贞嘉兰和罗娇蕾卡兰的杂交后代，它受到花朵较小、颜色热烈的卡特兰和蕾丽兰物种以及贞兰的强烈影响。贞兰的矮化、增强效果还可以在橄榄贞嘉兰（上图）上看出，它是塞克索夫蕾丽兰和伊妮德卡特兰的杂交后代，1909 年由埃塞克斯郡南伍德福德的 J. 格尼·福勒展出。

素花毛床兰（*Trichopilia backhouseana*）和短花毛床兰（*Trichopilia brevis*）

毛床兰属拥有大约 30 个附生兰和岩生兰物种，分布在美洲热带地区。大多数物种拥有大花，花的位置
较低，悬垂或贴在假鳞茎之间。它们的唇瓣是典型的漏斗形，花被片呈波浪状，在有些物种中呈螺旋
状。素花毛床兰（上图）在 1932 年由坦布里奇韦尔斯布劳德兰茨的 E. R. 阿什顿展出。短花毛床兰（右
页图）在 1897 年由萨里郡东贤的弗雷德里克·威根爵士展出，并获得一项优秀奖。

香花毛床兰（*Trichopilia fragrans*）

从西印度群岛到秘鲁和玻利维亚，香花毛床兰的分布范围非常广泛。它的花具有强烈香味，开花持续时间很长，直径达 7 厘米至 12 厘米，而且被片呈独特的波浪状。这株样本是 1911 年以雷氏毛床兰（*T. lehmannii*）之名展出的，送展人是伟大的兰花收集者特雷弗·劳伦斯爵士，他也是皇家园艺学会的主席。

古尔德毛床兰（*Trichopilia Gouldii*）

右页图：在同一年，布拉德福德的查尔斯沃思公司以古尔德毛床兰荣获优秀奖，这个杂交品种的亲本之一就是上面的香花毛床兰，另一亲本是花上有密集斑点的甜香毛床兰。

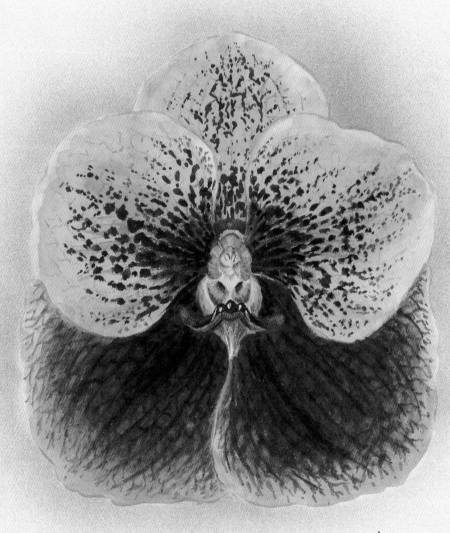

M.I.H.

"焰丽"阿德里安万代兰（*Vanda* Adrienne）和阿蒙娜万代兰（*Vanda* Amoena）

"焰丽"阿德里安万代兰（上图）和阿蒙娜万代兰（左页图）都显示出桑氏万灵兰（旧称桑氏万代兰）的
影响，那是一个来自菲律宾的物种，华丽的平展形状的花直径可达 10 厘米，呈玫瑰粉、肉桂色和杏黄色等
一系列色调。

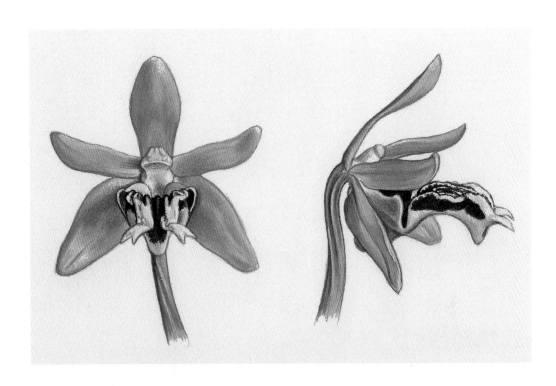

"帕特"叉唇万代兰（*Vanda cristata*）

万代兰属拥有分布于亚洲的约 35 个物种，其学名来自梵文。这些植物是单轴生长的兰花，叶片通常为带状，在高而直立的茎上排成两列。蝴蝶形的花开在从叶腋抽生的总状花序上。1992 年由伍斯特郡莫尔文的 J. 阿迪斯展出的"帕特"叉唇万代兰是万代兰属物种叉唇万代兰（*Vanda cristata*）的一个选育品种，不过现在该物种更合适的名字是叉唇图德兰（*Trudelia cristata*）。和许多真正的万代兰不同，它能忍耐冷凉的环境，是一种很好的种植入门级兰花。

"蓝鸟"小蓝花万代兰（*Vanda coerulescens*）

左页图："蓝鸟"小蓝花万代兰是对原产印度、缅甸和泰国的小蓝花万代兰进行无性选育得到的品种，1945 年由圣奥尔本斯的桑德公司送展，获得一项优秀奖。像花朵更大的大花万代兰（*Vanda coerulea*）一样，它也开淡紫色花，而且多年来都被认为是兰花所能呈现的最接近真正蓝色的花色。

"节点" 大花万代兰（*Vanda coerulea*）和 "赛尔斯菲尔德" 纳鲁万代兰（*Vanda* Nalu）
作为著名的 "蓝色" 兰花，大花万代兰原产印度、缅甸和泰国，花色范围为淡紫白色
至淡蓝紫色。由于花色罕见且易于栽培，它的需求很大，因此造成大量野外植株被挖
走。"赛尔斯菲尔德" 纳鲁万代兰（右页图）1964 年由东格林斯特德的大卫·桑德兰花
公司展出，是众多杂交大花万代兰之一（最著名的是罗斯柴尔德万代兰），它们大大减
轻了野生物种的压力。（上图为 "节点" 大花万代兰）

"温斯特顿伯特" 大花万代兰（*Vanda coerulea*）和 "博斯" 威拉万代兰（*Vanda* Wirat）

传奇的蓝色万代兰最精美的选育品种之一就是 "温斯特顿伯特" 大花万代兰（左页图），1910 年由格洛斯特郡温斯特顿伯特的乔治·霍尔福德爵士展出。大花万代兰的 "蓝色" 与桑氏万代兰并且带有漂亮标记的花朵相结合，得到了罗斯柴尔德万代兰，有着花形宽阔且有精致花纹的蓝紫色花。该品种及其相似种类在整个 20 世纪都很受欢迎，而且是所有万代兰中最容易栽培的。1983 年由詹姆斯·利姆展出的 "博斯" 威拉万代兰（上图）是这一经典杂交组合的优秀现代成果。

"斯通赫斯特"富克斯号角万代兰（*Vanda* Fuchs Fanfare）
宽阔且色调柔和的花瓣显示了来自桑氏万代兰的影响，"斯通赫斯特"富克斯号角万代兰是桂冠万代兰和基夫万代兰的杂交后代。1992年由苏塞克斯郡阿丁莱的斯通赫斯特苗圃展出并获得优秀奖。

"格蕾丝谢"珍妮特·坎卡莉万代兰（*Vanda* Janet Kancali）
右页图：许多重要的万代兰杂交工作是在马来西亚进行的。"格蕾丝谢"珍妮特·坎卡莉万代兰在1961年由马来西亚槟榔屿的谢金燕[1]完成。

---

1 译注：为Cheal Kam Yean音译。

"圣赫利尔"苏珊万代鸟舌钻喙兰（*Vascostylis* Susan）和"蓝皇后"谭元海万代鸟舌钻喙兰（*Vascostylis* Tham Yuem Hae）

万代鸟舌钻喙兰属（*Vascostylis*）是万代兰属、鸟舌兰属（*Ascocentrum*）和钻喙兰属（*Rhynchostylis*）的三属杂交属。得到的植株通常株型紧凑，向上伸展的花序上着生平展、色彩鲜艳的花。"圣赫利尔"苏珊万代鸟舌钻喙兰（上图）是梅达·阿诺德千代兰和蓝天使钻喙万代兰的杂交后代；"蓝皇后"谭元海万代鸟舌钻喙兰（右页图）是蓝天使钻喙万代兰和奥费利娅鸟舌万代兰的杂交后代。

"三一"罗宾·皮特曼伍氏兰（*Vuylstekeara* Robin Pittman）

伍氏兰属（*Vuylstekeara*）是一个三属杂交属，亲本包括蜗牛兰属（*Cochlioda*）、丽堇兰属（*Miltonia*）和齿舌兰属（*Odontoglossum*）。拥有如此复杂的血统，它们的花在形状和尺寸上差别极大，浓郁的红色和栗色遗传自丽堇兰和蜗牛兰亲本。"三一"罗宾·皮特曼伍氏兰的浓郁花色来自艳丽丽堇兰，带褶边的轮廓来自兰德斯瘤唇兰。

"库克斯布莱奇"埃尔卡拉伍氏兰（*Vaylstekeara Elkara*）
拥有坚硬深红色蜡质花瓣和带褶边唇瓣的"库克斯布莱奇"埃尔卡拉伍氏兰在1973年获得优秀奖。它的送展
方是查尔斯沃思公司，当时还是苏塞克斯郡库克斯布莱奇的麦克贝恩公司的分部。

N.R.

"坎尼扎罗"坎布里亚伍氏兰（*Vuylstekeara* Cambria）

　　"坎尼扎罗"坎布里亚伍氏兰（第306页图）和"长毛绒"坎布里亚伍氏兰的亲缘关系很近，后者或许是所有兰花当中最畅销的一种，在1980年代成为极其成功的室内植物。这种植物是鲁德拉伍氏兰和萌芽齿舌兰的杂交后代。坎布里亚伍氏兰获得的巨大（但有些迟到）成功不禁让人产生疑问，为何其他同类兰花的受欢迎程度比较低——例如拥有天鹅绒般质感的阿加莎伍氏兰（第307页图）。

"利奥斯珍宝"埃尔卡拉伍氏兰（*Vuylstekeara* Elkara）和"利奥斯欢乐"马雷纳伍氏兰（*Vuylstekeara* Maraena）
瘤唇兰属给伍氏兰杂交品种带来的影响体现在圆形带褶边的花朵，以及仿佛大理石纹理的色彩。"利奥斯
珍宝"埃尔卡拉伍氏兰（左页图）的亲本是尤卡拉伍氏兰和埃尔菲翁瘤唇兰；"利奥斯欢乐"马雷纳伍氏兰
（上图）是安黛娜瘤唇兰和阿斯托玛尔瘤唇兰的杂交品种。

N.R.

埃斯特拉珠宝伍氏兰（*Vuylstekeara* Estella Jewel）和"皮克塔"英西格尼斯伍氏兰
（*Vuylstekeara* Insignis）
这两种杂交伍氏兰明显地表现出了来自丽堇兰亲本的影响。埃斯特拉珠宝伍氏兰
（左页图），阿斯帕西娅伍氏兰和威廉·皮特丽堇兰的杂交后代；以及"皮克塔"
英西格尼斯伍氏兰（上图）是布勒阿娜丽堇兰和查尔斯沃思瘤唇兰的杂交后代。
它们分别在 1930 年和 1923 年获得优秀奖。

"利奥斯日落"达勒姆日落威尔逊兰（*Wilsonara* Durham Sunset）和"利奥斯至尊"达勒姆金锭威尔逊兰（*Wilsonara* Durham Ingot）

威尔逊兰属的亲本涉及三个属：蜗牛兰属、齿舌兰属和文心兰属。作为最早的三属杂交属之一，威尔逊兰的杂交在实践中通常用瘤唇兰（齿舌兰和蜗牛兰的杂交种）搭配文心兰或齿文兰（齿舌兰和文心兰的杂交种）。它们是适于业余爱好者温室或家庭种植的优良花卉，圆锥花序大且花期长，开出许多虽小但颜色五彩缤纷的光滑花朵。"利奥斯日落"达勒姆日落威尔逊兰（上图）结合了虎威齿文兰和阿斯特托瘤唇兰的基因。它在 1994 年由苏塞克斯郡库克斯布莱奇的麦克贝恩公司分部查尔斯沃思公司展出。苏塞克斯金威尔逊兰和英马尔瘤唇兰杂交后得到"利奥斯至尊"达勒姆金锭威尔逊兰（右页图），1990 年由麦克贝恩兰花公司展出。

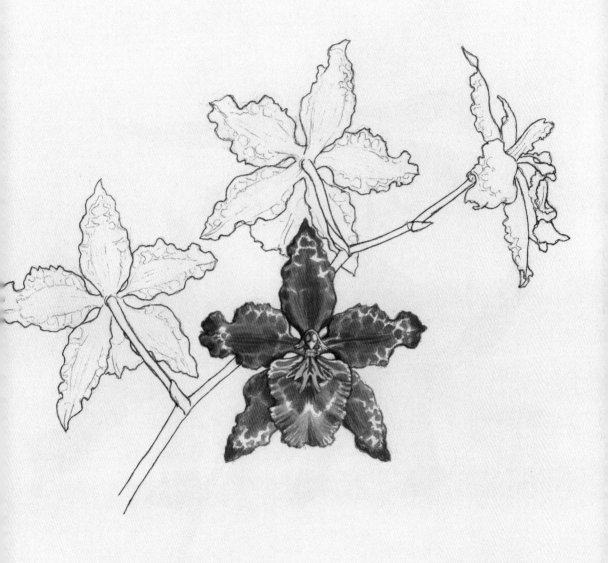

"威克斯"奥秘威尔逊兰（*Wilsonara* Mystery）和"利奥斯之夜"玛尔维达威尔逊兰
（*Wilsonara* Marvida）

来自巴西的物种虎斑文心兰与提格里纳威尔逊兰结合，创造出"威克斯"奥秘威尔逊兰
（左页图），后者在 1965 年由东格林斯特德的大卫·桑德兰花公司展出并获得一项优秀
奖。1991 年由查尔斯沃思公司（当时是麦克贝恩公司的分部）展出，"利奥斯之夜"玛尔
维达威尔逊兰（上图）是虎斑文心兰和弗雷马尔瘤唇兰的杂交后代。

"维纳斯"策勒威尔逊兰（*Wilsonara* Celle）

该杂交种的奶油黄色唇瓣与花瓣上有趣的粉色图案形成了强烈对比，并帮助德国策勒的H. 维希曼父子公司在1973 年赢得一项优秀奖。"维纳斯"策勒威尔逊兰是虎斑文心兰和马尔吉亚瘤唇兰的杂交后代。

"利奥斯球"达勒姆美景威尔逊兰（*Wilsonara* Durham Vision）

右页图："利奥斯球"达勒姆美景威尔逊兰是克罗伯勒齿文兰和太平洋金瘤唇兰的杂交后代。正如第二个亲本的名字所暗示的那样，这个杂交种以褐色斑点映衬在鲜艳的黄色背景上为特色。它在 1993 年为查尔斯沃思公司赢得一项优秀奖。

威尔逊兰杂交品种

许多威尔逊兰都显示出来自墨西哥的物种虎斑文心兰的影响。它与崔克松瘤唇兰杂交得到"蒂龙"乌鲁阿潘威尔逊兰（左下图）；与埃斯泰雷勒瘤唇兰杂交得到"留尼汪"狂喜威尔逊兰（右上图）；与格劳斯山瘤唇兰杂交得到"泽西"五橡树威尔逊兰（左上图）；与托瘤唇兰杂交得到"灯塔"虎啸威尔逊兰（第320页图）。除墨西哥外还产自洪都拉斯和危地马拉的白心文心兰（*Oncidium leucochilum*）的大型分枝花序上开放有巧克力色斑点的小花。它与卡红瘤唇兰杂交得到"小丑泥鳅"让·杜邦威尔逊兰（右页图），该杂交种在1996年由旧金山金门兰花公司的汤姆·佩尔利特展出。由约克郡韦克菲尔德的大卫·斯特德兰花公司展出，牛津郡布雷兹诺顿的乔治·布莱克培育，"春之诺"满月威尔逊兰（第321页图）是虎斑木威尔逊兰和杜罗德瘤唇兰的杂交后代，并在1984年获得优秀奖。

"鲁比达"查尔斯沃思轭瓣帕勃兰〔*Zygocolax* Charlesworthii〕

轭瓣兰属的学名来自希腊单词*zygon*（轭）和*petalon*（花瓣），指的是被片与合蕊柱基部合生的状态。它们的
花被片有栗色条带或斑点，淡紫色唇瓣与其形成鲜明对比。它们很容易和轭瓣兰亚族（Zygopetalinae）的其他
属杂交。"鲁比达"查尔斯沃思轭瓣帕勃兰是珀氏轭瓣兰和帕勃兰的杂交后代。帕勃兰（*Pabstia jugosa*，异名
Colax jugosus）是一个来自巴西的物种，亮白色的花瓣和唇瓣上有大片深红色斑纹。

"威根"豹斑轭瓣帕勃兰（*Zygocolax Leopardinus*）

颚状轭瓣兰（*Zygopetalum maxillare*）是一个来自巴西和巴拉圭的物种，花序高，单花直径超过6厘米，蜡质，且有强烈的风信子香味，被片为苹果绿至橄榄绿色并带栗色斑点，唇瓣为紫罗兰色至靛蓝色。它的影响在杂交种"威根"豹斑轭瓣帕勃兰中表现得很明显，而另一个亲本帕勃兰的影响则不明显。"威根"豹斑轭瓣帕勃兰于1900年由弗雷德里克·威根爵士展出。

N.R.

"骄傲"威加尼亚努斯轭瓣帕勃兰〔*Zygocolax Wiganianus*〕

1902 年，圣奥尔本斯的桑德公司展出了"骄傲"威加尼亚努斯轭瓣帕勃兰（上图），间型轭瓣兰和帕勃兰的杂交后代。来自秘鲁、玻利维亚和巴西的间型轭瓣兰的花很香，花被片为绿色并带有巧克力色斑点，唇瓣为白色并带有紫罗兰色脉纹。帕勃兰亲本赋予了该杂交种杯状花形和颜色更深的斑纹。1899 年，桑德公司用亚美西亚努斯轭瓣帕勃兰（右页图）获得一项优秀奖，它是巴西物种短瓣轭瓣兰和帕勃兰的杂交后代。

罗布林轭瓣兰（*Zygopetalum* Roeblingianum）和布鲁轭瓣兰（*Zygopetalum* Brewii）

与轭瓣兰属亲缘关系紧密的轭肩兰属（*Zygosepalum*），分布于委内瑞拉、哥伦比亚、巴西和秘鲁。长喙轭肩兰（*Zygosepalum labiosum*，异名 *Zygopetalum rostratum*）在高高的花梗上开大的单花。它与颚状轭瓣兰杂交后得到罗布林轭瓣兰（上图）是 1903 年展出的一个杂交种。1912 年展出的布鲁轭瓣兰（右页图）是珀氏轭瓣兰和长喙轭肩兰的杂交后代。细长的被片和拥有精美脉纹的唇瓣显示出轭肩兰属亲本的影响。

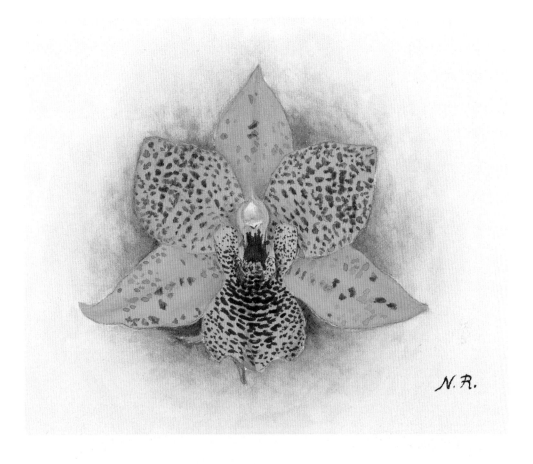

克劳沙亚努姆轭瓣兰（*Zygopetalum* Crawshayanum）

豹皮兰属也是从前包括在轭瓣兰属内的一个独特的属。不同于洪特兰属，它们是株型低矮的植物，不过花大得不成比例。克劳沙亚努姆轭瓣兰是一个注册品种，它结合了两个最受欢迎的豹皮兰属物种，黄花豹皮兰和似豹皮花豹皮兰——前者拥有带姜黄色斑点的金色花朵，后者的花为象牙色，带有栗色和紫黑色斑纹。

伯氏洪特兰（*Huntleya burtii*，异名 *Zygopetalum burtii*）

左页图：伯氏洪特兰来自中南美洲森林，是一种华丽的附生兰。它的单生大花着生于带状叶片的叶腋间。叶片为酸橙绿色并排列成扇状，与深红褐色的被片形成优雅的对比，被片表面有光泽并带有菱形花纹。洪特兰属与轭瓣兰属亲缘关系紧密，在兰花注册时常包括在轭瓣兰属内。左页图中这个品种叫作"皮特"，1900 年由伦敦斯坦福德山的 H. T. 皮特展出。

巴利轭瓣兰（*Zygopetalum* Ballii）和"超级"珀氏轭瓣兰（*Zygopetalum* Perrenoudii）

这两个来自轭瓣兰属联盟的杂交种显示了该类群的多样性和潜力。由柴郡的 G. 绍兰·鲍尔展出，白色与粉色相间的巴利轭瓣兰（上图）在 1900 年获得优秀奖。三年前，切尔西的詹姆斯·维奇父子公司展出了"超级"珀氏轭瓣兰（右页图），其亲本包括"高蒂耶里"颚状轭瓣兰。

亚马孙扇贝兰

（ *Cochleanthes amazonica* ）

扇贝兰属的学名来自希腊语单词 *kochlos*（"贝壳"），指的是其唇瓣的形状。该属拥有 17 个物种，分布于中南美洲，并以附生方式生长在云雾林中。1892 年，出生于卢森堡的伟大植物猎手和苗圃主让·朱尔斯·林登（1817–1898 年）展出了这株亚马孙扇贝兰（当时被称为 *Zygopetalum Lindenii*）。它是原产亚马孙的物种，拥有该属最大的花（直径达 7 厘米），唇瓣有紫罗兰色至浅灰蓝色脉纹。

"桑德利亚努姆" 颚状轭瓣兰

（ *Zygopetalum maxillare* ）

左页图：1912 年，伟大的兰花业余爱好者和皇家园艺学会主席特雷弗·劳伦斯爵士将这株植物从萨里郡多金附近位于伯福德的自家庄园带到伦敦，得名 "桑德利亚努姆" 轭瓣兰。它在原产巴西和秘鲁的物种中是一个非凡的种类。花朵宽度达 7 厘米，最引人注意的特点之一是唇瓣基部的半月形粉紫色肉质愈合组织，起到吸引并引导授粉昆虫的作用。

轭瓣兰杂交品种

接近 20 世纪末时，人们对轭瓣兰属联盟植物的兴趣再次点燃。诱发这次潮流逆转的两个杂交种是 "斯通赫斯特" 詹姆斯·施特劳斯轭瓣兰（第 334 页图），由斯通赫斯特兰花公司培育并在 1984 年由苏塞克斯郡阿丁莱斯通赫斯特的德雷克·施特劳斯展出；以及 "追忆" 约翰·班克斯轭瓣兰（第 335 页图），1977 年由纽伯里的怀尔德宫廷兰花公司展出。

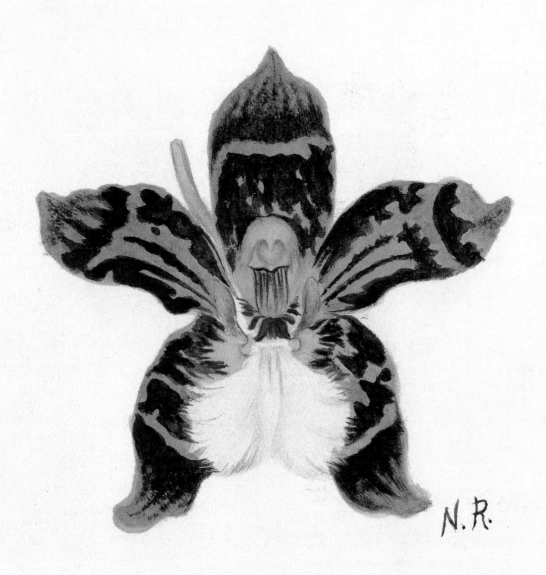

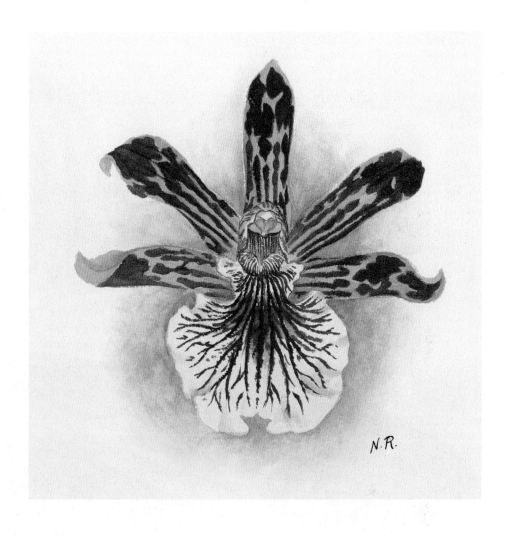

"天蓝"具毛轭瓣兰（*Zygopetalum crinitum*）

来自巴西东部的物种具毛轭瓣兰开放硕大、持久且有浓郁香味的花朵，唇瓣上有独特的线形辐射图案。这个引人注目的品种名叫"天蓝"，1903 年由查尔斯沃思公司展出，唇瓣上的斑纹呈接近靛蓝的紫罗兰色——这种颜色很受兰花种植者的青睐，即使它并不是真正的蓝色。

乔氏轭瓣兰（*Zygopetalum jorisianum*）

左页图：当肯特郡坦布里奇韦尔斯的沃尔特·科布在 1897 年将它送展时，这个来自巴西和委内瑞拉的物种叫作乔氏轭瓣兰。后来兰花专家 A. D. 霍克斯将它归入一个新属［乔氏孟东兰（*Mendoncella jorisiana*）］，以纪念兰花杂志《兰花》的编辑路易斯·门东萨。孟东兰属拥有大约 12 个物种，其中许多物种都像该物种一样有带显眼毛边的唇瓣。

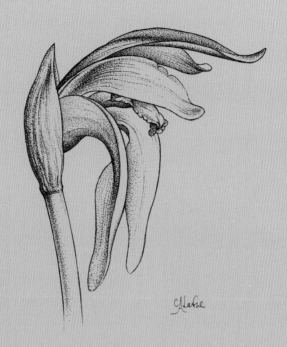

人物小传

奥克斯·埃姆斯（1874-1950年）

奥克斯·埃姆斯出身于马萨诸塞州一个显赫的家庭，并在哈佛大学接受教育。在职业生涯的大部分时间里，他的职务是哈佛植物园的园长，后来又成为了植物学教授。兰花是他的主要兴趣点，他也在兰花研究领域有着和林德利和赖兴巴赫同样的国际声望。1905年，他来到菲律宾群岛研究当地兰花并成为首席专家；但他关于该主题的10卷书稿在第二次世界大战期间毁于战火。他的论文合集《兰科植物》分为7卷；其中包括他的妻子布朗什绘制的插图。

詹姆斯·贝特曼（1812-1897年）

詹姆斯·贝特曼以银行和铸铁业起家。在位于斯塔福德郡克尼珀斯利庄园的花园里，他修建了温室来保存重要的兰花收藏，并先后雇用托马斯·科莱和乔治·尤尔·斯金纳为自己收集中南美洲的兰花。在这些收藏的基础上，他出版了内容丰富的《墨西哥和危地马拉兰科植物》（1837-1843年），还有《齿舌兰属专论》（1864-1874年）和《兰科植物的第二个世纪》（1967年）。他在1840年代得到了同样位于斯塔福德郡的比多福农庄，并在爱德华·库克的帮助下将这里建成了一个著名花园，目前由国家信托基金拥有并进行了修复。

詹姆斯·贝特曼

威廉·博克索尔（1844-1910 年）

博克索尔于 1860 年代在切尔西的维奇苗圃开始自己的职业生涯，后来又去了克拉普顿的休·洛公司，并在那里成为主管。不过他最大的名声来自植物搜集者的角色，尤其是搜集兰花，并为此游历缅甸、菲律宾群岛、婆罗洲、印度尼西亚以及中南美洲。赖兴巴赫将一个石斛属物种命名为杯鞘石斛（*Dendrobium boxallii*），以表达对他的纪念。1907 年，糖尿病和一场中风使他退出了搜集活动。他退休回到克拉普顿，并将自己的时间贡献给了皇家园艺学会的兰花委员会。

查尔斯·达尔文（1809-1882 年）

查尔斯·达尔文是伊拉斯谟·达尔文的孙子，在 18 世纪下半叶提出进化论。从 1831 年至 1836 年，他以随船博物学家的身份登上英国皇家海军舰艇小猎犬号进行环球探险。除了旅行日记和搜集得到的成果之外，他还出版了一部关于珊瑚礁的著作。1859 年，他出版了《物种起源》，在书中阐述了以自然选择为手段，种群分化成为不同物种的理论。他后来的工作大多是关于植物学的，和本书关系最密切的是《兰科植物的受精》（1862 年）。他的其他植物学著作还包括《食虫植物》（1875 年）、《同种植物的不同花形》（1877 年）和《植物运动的力量》（1880 年）。

约翰·多米尼（1816-1891 年）和约翰·塞登

在德文郡拉科姆平斯公司的苗圃接受训练后，约翰·多米尼进入维奇苗圃的埃克塞特分公司，之后又来

查尔斯·达尔文

到它位于伦敦的总部。他在1850年代开始兰花育种工作，并在1856年创造出第一种人工制造的杂交兰花，多米尼虾脊兰（*Calanthe dominyi*）。在1880年退休之前，他又创造出了25个可存活的杂交种。维奇苗圃的下一任兰花育种者是1861年加入公司的约翰·塞登。在多米尼的指导下，赛登继续培育了更多杂交兰花，而且还对各种温室观叶植物和水果进行了杂交育种，最终获得490个杂交品种。

沃尔特·胡德·菲奇（1817-1892年）

1834年至1877年，沃尔特·胡德·菲奇为《柯蒂斯植物学杂志》制作了2700多幅版画，此外还有为《植物图谱》、胡克的《锡金-喜马拉雅山区的杜鹃花》，以及埃尔威斯的《百合属专论》制作的插图。他经常在石版上直接作画，所以他的一些作品没有留下最初的原稿。他的作品数量极多，不过他的画总是能配以高精确性的文字描述。兰花经常出现在他的作品中，最常出现的是《植物学杂志》。沃尔特的儿子约翰·纽金特·菲奇（1840-1927年）继承了父亲的事业，为《植物学杂志》制作了2500幅版画。他展示杂交兰花的风格是只描绘花朵，这种风格影响很广。他的主要兰花插图汇编用在了B.S.威廉姆斯和罗伯特·华纳编纂的《兰花专辑》中。

约翰·吉布森（1815-1875年）

约翰·吉布森17岁时成为查茨沃斯庄园的园丁学徒，在约瑟夫·帕克斯顿手下工作。他很快对兰花产生了兴趣，并被派去与成功的异域植物种植者约瑟夫·库珀短暂共事。1835年，德文郡公爵安排吉布森陪同新任总督将军奥克兰勋爵前往印度，目的是搜集兰花和其他热带植物。吉布森在1837年带回许多兰花，部分兰花是新物种。他被任命为查茨沃斯庄园异域植物收藏的负责人，并在庄园工作到1849年。同年，他成为新建皇家公园的总监督，其中最著名的是贝特西公园，这座公园在很大程度上就是他设计的。

约瑟夫·道尔顿·胡克（1817-1911年）

约瑟夫·道尔顿·胡克是邱园皇家植物园第一任园长威廉·杰克逊·胡克爵士的儿子，厄瑞波斯号远洋探险（1839-1843年）的随队植物学家。1848年至1851年，他在喜马拉雅地区收集植物，向英国引进了26个杜鹃物种，出版了三本主要著作:《锡金-喜马拉雅山区的杜鹃花》（1849-1851年）、《喜马拉雅植物图谱》（1855年）和《喜马拉雅日记》（1854年）。后来他与乔治·边沁合作完成《植物志属》（1862-1883年），并编纂了浩繁的《英属印度植物志》（1872-1897年）。作为达尔文的早期支持者，他在1865年至1887年继承了父亲邱园园长的职位。他的兰花相关工作散布于他出版的众多植物志和探险报告中。

约瑟夫·道尔顿·胡克

彻丽-安·拉夫里赫（未知）

彻丽-安·拉夫里赫在萨里郡的金斯顿长大，先后在金斯顿艺术中学和布赖顿艺术学院学习。她曾有一段时间担任怀特里夫女子文法学校的艺术部主任。1980年代，她为《邱园杂志》和《园丁》绘制插图。1987年，她被任命为皇家园艺学会的兰花画家,并一直担任该职位至今,本书出版时已经画了将近七百种兰花。本书收录了她的许多最棒的作品。

让·林登(1817-1898年)

让·林登是比利时政府组织的首批科学探险之一的领导者。从1835年至1837年,他走遍整个南美洲采集植物,并在探险结束后继续为许多英国兰花种植者搜集兰花。1845年返回欧洲后,他在根特建立了一个苗圃。后来,他和自己的儿子卢西恩在布鲁塞尔创立了一家更大的苗圃,叫作国际园艺。他编辑或发行了两份杂志:《园艺图谱》和专门的兰花杂志《林登志》。他最后成为卢森堡领事以及布鲁塞尔动物园园长。

约翰·林德利(1799-1865年)

林德利是诺福克郡一个苗圃主的儿子,他是园艺学会的助理秘书,负责鉴定学会的植物猎手送回来的植物、组织花展、编辑学会的出版物。他还是伦敦大学学院的植物学教授,以及园艺报纸《园丁纪事》的创办者兼编辑。他在兰科植物方面的相关工作开始于威廉·卡特利的委托,他还用后者的名字命名了卡特兰属。他是第一个进行兰花分类的植物学家,并在这个主题上论著颇丰,最著名的作品是《兰花》(1838年)和《兰科植物种属志》(1830-1840年)。他被称作现代兰花栽培学之父,美国兰花学会还将自己的科技期刊命名为《林德利学报》,以表达对他的纪念。他的个人图书收藏死后被英国皇家园艺学会购买,构成了如今林德利图书馆的核心内容。

约翰·林德利

休·洛（1824-1905 年）

休·洛出生在一个苗圃主家庭（休·洛公司 1820 年成立于伦敦）。1840 年代初，他去东印度公司工作并结交了詹姆斯·布鲁克，沙捞越殖民地的创立者。他在 1845 年游历了沙捞越，最后当上了库务司。1848 年，他出版了一本讲述此地风貌和自己经历的书。1851 年，他爬上基纳巴卢山寻找兰花。1876 年，他成为婆罗洲霹雳殖民地的总督，并将接下来的 15 年用于殖民地的行政改革。

约瑟夫·帕克斯顿爵士（1803-1865 年）

帕克斯顿是贝德福德郡一位农民的儿子，1823 年在园艺学会位于奇西克的新花园成为园丁学徒。三年后，他被德文郡公爵挖走，成为德比郡查茨沃斯庄园的首席园丁。他很快就开始开工挖土并设计温室；到 1830 年代末之前，他已经开始为其他业主和当地企业设计花园和温室。1843 年至 1847 年，他负责修建了伯肯黑德公园，这或许是英国第一座真正意义上的公共公园。1850 年，他得到一份合同，设计第二年世界博览会在海德公园的建筑。得名水晶宫的这栋建筑在博览会结束后大规模地在伦敦南部的锡德纳姆山进行了重建。无论是在预制构件建筑的创新（包括他的专利"百万大众的温室"），还是在栽培实践中的技术上，帕克斯顿都是温室栽培史上最重要的人物之一。最后他成了一位百万富翁和议会议员。

海因里希·古斯塔夫·赖兴巴赫（1823-1889 年）

H. G. 赖兴巴赫是 H. G. L. 赖兴巴赫的儿子，他的父亲是德累斯顿植物园园长、《德国植物区系》的编者。小赖兴巴赫投身于兰花研究，出版了一部三卷著作《兰科介绍》（1854-1883年），还发表了许多文章。在约翰·林德利死后，他成为欧洲最重要的兰花权威。1883年，苗圃主弗雷德里克·桑德开始出版一部浩繁的带插图的兰花著作，并为其取名《赖兴巴赫志》以表达对他的纪念。根据遗愿，他的标本、笔记和图画都赠予了维也纳的霍夫博物馆，条件是25年之内任何人都不能接触它们。尽管国际兰花界对此表示愤慨，但是当时间限制到期后，兰花栽培学已经继续向前发展并赶上了赖兴巴赫的研究水平。

海因里希·古斯塔夫·赖兴巴赫

内利耶·罗伯茨（1872-1959年），珍妮·霍尔盖特（1920年-）和爱丽思·汉弗莱斯（未知）

这三位画家接连记录了英国皇家园艺学会兰花委员会的获奖兰花，时间跨度长达将近一百年。1896年，委员会任命内利耶·罗伯茨为官方兰花画家。她的工作是描绘在学会的花展上获奖的所有兰花。在此之前她在为学会主席特雷弗·劳伦斯爵士画兰花，绘画风格深受约翰·纽金特·菲奇和J. L.麦克法兰的影响。她在这个职位干了五十多年，并在1953年退休时荣获维奇纪念奖章。她的继任者是珍妮·霍尔盖特，皇家艺术学院的一位前教师，曾在1966年第五届世界兰花大会上获得一项银奖。1966年，爱丽思·汉弗莱斯又接替了她的工作。爱丽思在1930年代开始为查尔斯沃思公司绘画兰花；她的丈夫J. L.汉弗莱斯在1936年跳槽到阿姆斯特朗和布朗公司，后来成了那里的主管。汉弗莱斯夫人还为《兰花评论》绘制了许多插图，并在1977年荣获温斯特顿伯特兰花奖章。

贝内迪克特·罗兹尔（1823-1885年）

贝内迪克特·罗兹尔出生于布拉格，曾在中欧和比利时的各大庄园担任园丁。1854年，他前往墨西哥并在那里开辟了一个果树苗圃。1867年，在演示自己发明的麻纤维提取机时，他不慎失去了左手。大约1870年，他开始为弗雷德里克·桑德收集兰花，每次都能送回3000至10 000棵植株，后来退休回到布拉格。他发现了大约800个物种，但也几乎将这些兰花的自然生境破坏殆尽。

弗雷德里克·桑德（1847-1920年）

亨利·弗雷德里克·康拉德·桑德出生于德国，为了在英国苗圃工作，在20岁时搬到英格兰生活。在詹姆斯·卡特公司的种子房里，他遇到了贝内迪克特·罗兹尔，并说服他为自己搜集兰花。桑德在赫特福德郡的圣奥尔本斯成立了自己的公司，并在1870年代逐渐以自己兰花收藏的范围和质量闻名。在1880年代和1890年代，他的公司在新泽西和比利时成立了分公司。他出版了一部关于兰花的带插图的巨作《赖兴巴赫志》以纪念著名德国兰花专家赖兴巴赫。第一次世界大战前，他的公司还是杂交兰花的品种注册机构。圣奥尔本斯苗圃倒闭后，注册工作最终由皇家园艺学会接手，如今它是兰花品种国际登录权威，名字仍然叫《桑德杂交兰花名录》。

弗里德里希·施勒希特（1872-1925年）

弗里德里希·理查德·鲁道夫·施勒希特出生于柏林，19岁时在非洲的德国殖民地开始了植物猎手的职业生涯。在20世纪的最初十年中，他进行了两次新几内亚探险，并于 1911 年至 1914 年出版了《德属新几内亚的兰科植物》。他在柏林达勒姆的植物学博物馆建立了一个巨大的兰花标本馆，但后来毁于第二次世界大战。他的伟大专著《兰花》初版问世于 1914 年至 1915 年在他死后发行了修订版，第三版在 1970 年出版，目前仍在发行中。

乔治·尤尔·斯金纳（1804-1867 年）

乔治·尤尔·斯金纳最初是一位和危地马拉有生意往来的商人，他在 1831 年去危地马拉成立了克利斯金纳公司。在危地马拉，他受雇于詹姆斯·贝特曼，为对方搜集兰花，最终为欧洲引进将近一百个物种，包括第一种齿舌兰。贝特曼这么评价他："可以这么说，在他的国家以及任何别的国家，没有任何人能够将更多新奇美丽的兰科植物引入欧洲。"在巴拿马去世时，他正在为自己在美洲的事宜收尾，以便返回英国退休。

哈利·维奇爵士（1840-1924 年）

哈利·詹姆斯·维奇是位于切尔西的 19 世纪重要苗圃的创办者詹姆斯·维奇的二儿子。在国外接受训练后，他进入家族公司并负责植物采集和杂交项目。他从 1890 年起担任公司的负责人，直到 1914 年退休并出售了公司的植物收藏和土地。由他的公司派遣的植物搜集者包括威廉·洛布和托马斯·洛布兄弟、约翰·古尔德·维奇、理查德·皮尔斯和 F.W. 伯比奇，他们都为兰花引进做出了重要贡献。

乔治·尤尔·斯金纳

插图清单

获奖兰花列表中，画家的名字会出现在括号里，然后是获奖日期和展出方/培育方。

p56, 57: *Disa uniflora, A Century of Orchidaceous Plants,* 96(1851).

p60: *Masdevallia coccinea, The Genus Masdevallia,* issued by the Marquess of Lothian, 1896.

p61: *Masdevallia macrura, The Genus Masdevallia.*

p62: *Corybas limbatus,* Curtis's *Botanical Magazine,* 5357.

p64, 65: *Peristeria pendula, A Century of Orchidaceous Plants,* 65 (1851).

p68: *Epipogium aphyllum,* Curtis's *Botanical Magazine,* 4821.

p70: *Anguloa clowesii, Pescatorea Iconographie des Orchidees,* Jules Linden, vol I, 17 (1860).

p71: *Paphiopedilum venustum, Select Orchidaceous Plants,* 24.

p73: *Sculticaria steelei, The Orchid Album,* II/55 1837.

p74: *Bulbophyllum beccarii,* Curtis's *Botanical Magazine,* 6567.

p79: *Brassia verrucosa, Pescatorea Iconographie des Orchidees,* vol 1, 1860.

p80: *Cattleya velutina,* The Orchid Album, I/26.

p81: *Bulbophyllum barbigerum,*Curtis's *Botanical Magazine,* 5288.

p82, 83: *Ophrys tenthredinifera,*Curtis's *Botanical Magazine,* 1930.

p86: (1)*Catasetum callosum;*(2) *Catasetum cristatum;* (3 &5) *Catasetum barbatum;* (4)*Catasetum laminatum, The Botanical Register,* vol 27,5(1841).

p87: *Catasetum sanguineum, Pescatorea Iconographie des Orchidees,* vol 1.

p89: *Paphiopedilum hirsutissimum, Select Orchidaceous Plants,* 15.

p90: *Coryanthes speciosa* from *The Orchidaceae of Mexico and Guatemala.*

p91: *Acineta superba* from *The Botanical Register* vol 29, plate 18 (1843).

p92: Orchid seeds from *Beitrage zur Morphologie und Biologie der Familie der Orchideen,* by JG Beer, Vienna 1863 (plate iv).

p96-97: 见 193 页条目。

p98: *Ada aurantiaca* (Nellie Roberts), 27.3.1900, JT Bennett-Poe, Holmewood, Herts.

p101: *Ada ocanensis* 'Beversten Castle' (Cherry-Ann Lavrih), 4.4.1998, RA Stevens, Tetbury, Glos.

p102: *Aerangis distincta* 'Kew Elegance' David Leigh), 14.7.1986, Director, Royal Botanical Gardens, Kew.

p103: *Aerangis confusa* 'Wotton' (David Leigh), 27.1.1987, FW Culver, Wotton-under-Edge, Glos.

p106: *Aerangis articulata* 'Marcel' (Cherry-Ann Lavrih), 19.8.1997, Marcel Lecoufle, Boissy St Leger, France.

p107: *Aerangis spicusticta* 'Sandhurst' (Cherry-Ann Lavrih), 13.3.1993, Plested Orchids, Surrey.

p108: *Aeranthes grandiflora* 'Fincham' (M Iris Humphreys), 9.7.1968, L Maurice Mason, Talbot Manor, Norfolk.

p109: *Aeranlhes henrici* 'Peyrot' (M Iris Humphreys), 4.2.1969, Marcel Lecoufle.

p110: *Angraecum* O'Brienianum (Nellie Roberts), 27.8.1912, JS Bergheim, Hampstead.

p111: *Angraecum superbum* 'Pine Close' (M Iris Humphreys), 29.10.1968, FE Griggs, Kent.

p112: *Anguloa cliftonii* 'Pale Thomas' (Cherry-Ann Lavrih artist), 25.6.1996, Henry Oakeley, Kent.

p113: *Anguloa* Rolfei (Nellie Roberts), 29.7.1930, Sir Jeremiah Colman, Gatton Park.

p114: *Anguloa* Rolfei 'Saint Thomas'(Cherry-Ann Lavrih), 20.7.1993, Henry Oakeley.

p115: *Anguloa virginalis* 'Saint Thomas' (Cherry-Ann Lavrih), 19.6.1990, Henry Oakeley.

p116: *Angulocaste* Maureen 'Saint Helier' (Cherry-Ann Lavrih), 23.7.1991, Eric Young Orchid Foundation, Jersey.

p117: *Angulocaste* Pink Charm 'Saint Thomas' (Cherry-Ann Lavrih), 18.6.1991, Henry Oakeley.

p118: *Angulocaste* Pink Glory 'Saint Thomas' (Cherry-Ann Lavrih), 3.5.1989, Henry Oakeley.

p119: *Angulocaste* Maureen 'Foxdale' (Cherry-Ann Lavrih), 22.7.2000, Foxdale Orchids, Stoke-on-Trent.

p120: *Ansellia congoensis* (Nellie Roberts), 21.5.1935, ML Wells of Chiddingford, Surrey.

p121: *Ansellia africana* 'Mont Millais' (M Iris Humphreys), 19.5.1975, Eric Young.

p122: *Arachnanthe annamensis* (Nellie Roberts), 1.5.1906, National (then Royal) Botanic Garden, Glasnevin, Dublin.

p123: *Arachnanthe rohaniana* (Nellie Roberts), 15.10.1907, J Gurney Fowler, Essex.

p124: *Aranda* Lucy Laycock 'Mandai Beauty' (PP), 19. 3. 1963, shown by Singapore Orchids, Singapore.

p125: Aranda Wendy Scott 'Blue Bird' (Jeanne Holgate) 23.5.1960, shown by Singapore Orchids.

p126: *Ascocenda* Thonglor 'Truman Muggison'(M Iris Humphreys), 5.8.1975, ET Muggison, Leicestershire/ T Rakpaibulso; *Ascocenda* Phushara 'Tilgates' (M Iris Humphreys), 14.6.1977.

p127: *Ascocenda* Tan Chai Beng 'Tilgates Amethyst'(VG) 9.1.1973, David Clulow, Surrey; *Ascocenda* Prima Belle 'Bulawayo' (Gillian Young), 9.7.1985, Lan Stewart, Zimbabwe; *Ascocenda* Amelita Ramos 'Robert' (Cherry-Ann Lavrih), 26.4.1997, RF Orchids, Florida; *Ascocenda* Bonanza 'Tilgates' (VG), AM 29.10.1974, David Clulow/RJ Perreira.

p128: *Ascocenda* 'Madame Panni 'Malibu' (M Iris Humphreys), 22.5.1972, Arthur Freed Orchids, Malibu, California.

p129: *Ascocenda* Fiftieth State Beauty 'Jersey' (VG), 4.12.1973, Eric Young/RJ Perreira.

p130: *Brassia arachnoides* 'Selsfield' (M Iris Humphreys), 27.6.1967, David Sander's Orchids, East Grinstead.

p131: *Brassia verrucosa* 'Burnham' (Gillian Young), 14.6.1983, Burnham Nurseries, Devon.

p132: *Brassocattleya* John Linford (Nellie Roberts), 11.3.1930, Black & Flory, Berks; *Brassocattleya* Lisette (Nellie Roberts), 79.1920, WR Fasey, London.

p133: *Brassocattleya* Digbyano-Trianaei 'Heaton'(Nellie Roberts), 14.3.1905, Charlesworth & Co., Heaton, Bradford.

p134: *Brassolaeliocattleya* Jupiter 'Majestica' (Nellie Roberts), 7.6.1921, Hassall & Co., Middlesex.

p135: *Brassolaeliocattleya* Golden of Tainan 'South Green'(Gillian Young), 30.10.1984, RCT Richardson, Essex.

p136: *Brassolaeliocattleya* Norman's Bay 'Gothic' (C Talbot-Kelly), 1.12.1953, Stuart Low & Co., Sussex.

p137: *Brassolaeliocattleya* Amy Wakasugi 'La Tuilerie' (Gillian Young) 10.12.1985, Vacherot & Lecoufle.

p138: *Brassolaeliocattleya* Herons Ghyll 'Nigrescens' (Jeanne Holgate)，27.9.1960, Stuart Low & Co.

p139: *Brassolaeliocattleya* Keowee 'Hillside' (Cherry-Ann Lavrih), 8.12.1992, A Sheikhi, Kent.

p140: *Bulbophyllum binnendijkii* (Nellie Roberts),22.5.1928, Sir Jeremiah Colman.

p141: *Bulbophyllum* Jersey 'Mont Millais' (Cherry-Ann Lavrih), 22.7. 1997, Eric Young Orchid Foundation.

p142: *Calanthe* Angela (Nellie Roberts), 22.12.1908, Norman C Cookson, Northumberland; *Calanthe* Splendens (Nellie Roberts),8.2.1898, Norman C Cookson.

p143: *Calanthe* Chapmanii (Nellie Roberts), 24.1.1905, Norman C Cookson.

p144: *Calanthe* Five Oaks 'Saint Martins'(Cherry-Ann Lavrih), 25.11.1997, shown by Eric Young Orchid Foundafion; *Calanthe* Rozel 'Trinity' (Cherry-Ann Lavrih), 23.2.1993, Eric Young Orchid Foundation.

p145: *Calanthe* Grouville 'Trinity' (Cherry-Ann Lavrih), 12.1.1988, Eric Young Orchid Foundation.

p146: *Catasetum pileatum* 'Imperial Pierre Couret' (David Leigh), 16.6.1987, Vacherot & Lecoufle.

p147: *Catasetum tenebrosum* (M Iris Humphreys), 9.6.1970, David Sander's Orchids.

p148: *Catasetum* Fanfair 'Barabel' (Cherry-Ann Lavrih), 5.10.1991, AJ Braund, Somerset.

p149: *Catasetum* Naso (Nellie Roberts), 30.10.1928, Charlesworth & Co., Sussex.

p150: *Cattleya* Claudian (Nellie Roberts), 31.7.1906, Charlesworth & Co.

p151: *Catlleya bicolor*'Grossii'(Nellie Roberts), 23.9.1902, Hugh Low &Co.

p152: *Cattleya* Bob Betts 'Snowdon' (C Talbot-Kelly), 2.3.1954, Armstrong & Brown, Kent.

p153: *Cattleya* Lady Moxham 'Southern Cross'(Jeanne Holgate), 24.5.1955, Stuart Low & Co.

p154: *Cattleya* Gladiator (Nellie Roberts),30.7.1929, FJ Hanbury, Sussex.

p155: *Cattleya* Germania (Nellie Roberts)10.9.1901, Charlesworth & Co.

p156: *Cirrhopetalum rothschildianum* (Nellie Roberts), 15.10.1895, Walter Rothschild, Herts; *Cirrhopetalum pulchrum* (Nellie Roberts), 26.5.1908, Sir Jeremiah Colman.

p157: *Cirrhopetalum* Elizabeth Ann 'Bucklebury' (M Iris Humphreys) 10.10.1972, Lady Robert Sainsbury, Old Vicarage, Bucklebury/Stuart Low & Co.

p158: *Cirrhophyllum* Hans' Delight 'Blackwater' (Cherry-Ann Lavrih), 25.11.1997. Plested Orchids.

p159: *Cymbidiella pardalina* 'Cooksbridge' (M Iris Humphreys), 6.6.1972, McBean's Orchids, Sussex.

p160: *Cymbidium* Atlantic Crossing 'Featherhill' (Gillian Young), 5.1.1982, shown by Featherhill Exotic Plants, Goleta, California.

p161: *Cymbidium* Maufant 'Trinity' (Cherry-Ann Lavrih), 24.11.1992, Eric Young Orchid Foundation.

p162: *Cymbidium* Erica 'Orbis' (Nellie Roberts), 22.2.1927, Sanders.

p163: *Cymbidium insigne* 'Superbum' (Nellie Roberts), 3.3.1908, Sanders.

p164: *Cymbidium* Annan 'Cooksbridge' (VG), 20.2.1973, McBean's Orchids.

p165: *Cymbidium canaliculatum* var. sparksii (M Iris Humphreys), 24.5.1976, Eric Young Orchid Foundation.

p166: *Cypripedium tibeticum* (Nellie Roberls), 28.5.1907, James Veitch & Sons, London.

p167: *Cypripedium segawai* 'Jessica' (Cherry-Ann Lavrih) 4.4.1998, Hardy Orchids, Dorset.

p168: *Cyrtopodium punctatum* 'Mont Millais' (Gillian Young), 19.5.1986, Eric Young Orchid Foundation.

p169: *Cyrtopodium punctatum* 'Fincham' (M Iris Humphreys), 30.4.1968, L Maurice Mason.

p170: *Dendrobium* Aspasia (Nellie Roberts) 11.3.1890, James Veitch & Sons; *Dendrobium* Angel Flower (M Iris Humphreys), 18.3.1969, Yamamoto Dendrobium Farm, Okayama, Japan.

p171: *Dendrobium* Lady Fay 'Ess' (Jeanne Holgate), 26.11.1963, H Kushima, Oahu, Hawaii.

p172: *Dendrobium agathodaemonis* 'Pam Hunt' (Cherry-Ann Lavrih), 26.6.1999, J Hunt, Meads,W Melbury, Dorset.

p173: *Dendrobium nobile* 'Hutchinson's Variety' (Nellie Roberts), 23.3.1897, Major-General Hutchinson, Bournemounth.

p174: *Disa* Foam 'Lava Flow' (Cherry-Ann Lavrih), 18. 6. 1991, Keith Andrew Orchids, Dorset; *Disa uniflora* 'Sandhurst' (Jeanne Holgate), 28.6.1966, A Collet, Glos.

p175: *Disa uniflora* 'Jonathon' (Cherry-Ann Lavrih), 24.6.2000, Orchidaceae. Org. Temse, Belgium.

p176: *Dracula vampira* 'Night Angel' (Gillian Barlow), 18.3.1997, Johan Hermans.

p177: *Dracula vampira* 'Morgan le Fay' (Cherry-Ann Lavrih), 24.4.1990, Johan Hermans, Middlesex.

p178: *Dracula simia* 'Meliodas' (Cherry-Ann Lavrih), 9.4.1991, Johan Hermans.

p179: *Dracula cordobae* 'Lancelot' (Cherry-Ann Lavrih), 28.11.1989, Johan Hermans.

p180: *Hamelwellsara* Memoria Edmund Harcourt (M Iris Humphreys), 20.11.1979, George Black, Oxon.

p181: *Hamelwellsara* Margaret 'Harlequin' (Cherry-Ann Lavrih), 14.8.1990, George Black.

p182: *Laelia pumila* (Nellie Roberts), 21.9.1897,Sir Jeremiah Colman.

p183: *Laelia rubescens* (Nellie Roberts), 14.12.1897, Sir Trevor Lawrence, Surrey.

p184: *Laeliocattleya* Profusion 'Megantic' (Nellie Roberts), 20. 10. 1925, J & A McBean, Sussex.

p185: *Laeliocattleya* Mrs Medo 'The Node' (Nellie Roberts), 18.10.1927. shown by Mrs Carl Holmes, The Node, Herts.

p186: *Laeliocattleya* Linda (Nellie Roberts),22.10.1918,J & A McBean.

p187: *Laeliocattleya* Haroldiana (Nellie Roberts), 27.8.1901, R Tunstill, Lancs.

p188: *Laeliocattleya* Aphrodite 'Ruth' (Nellie Roberts), 31.5.1899, J Rutherford, Lancs.

p189: *Laeliocattleya* Berthe Fournier 'Splendida' (Nellie Roberts), 13.2.1900, Charles Maron, Brunoy, France.

p190: *Lycaste hybrida* (Nellie Roberts), 23.9.1902, Charlesworth & Co.

p191: *Lycaste* Barbara Sander (Nellie Roberts), 13.1.1948, Sanders.

p192, 193: *Lycaste longipetalo* 'Bailiff's Cottage'(Cherry-Ann Lavrih), 12.4.1994, Laurence Hobbs Orchids, Sussex.

p194: *Maclellanara* Pagan Lovesong 'Mont Millais' (M Iris Humphreys), 15.1.1980, Eric Young Foundation/Rod McLellan.

p195: *Maclellanara* Memoria Artur Elle 'Hahnwald' (Cherry-Ann Lavrih), 23.2.1988,R Friese, Cologne, Germany.

p196: *Masdevallia* Falcata (Nellie Roberts), 14.2.1899, Sir Trevor Lawrence.

p197: *Masdevallia mendozae* 'Orange Mint' (Cherry-Ann Lavrih) 10. 3. 1990, D Oakey, Surrey.

p198: *Masdevallia glandulosa* 'Bromesberrow Place'(David Leigh), 8.12.1987, DG Albright, Bromesberrow Place, Ledbury.

p199: *Masdevallia ignea* 'Burford' (Nellie Roberts), 1.5.1906, Sir Trevor Lawrence.

p200: *Miltassia* Morning Sky 'Ash Trees' (Jakob), 1.9.1981, George Black.

p201: *Miltassia* Mourier Bay 'Mont Millais' (M Iris Humphreys), 4.12.1979, Eric Young Orchid Foundation/Beall Company.

p202: *Miltonia* Cotil Point 'Jersey' (Cherry-Ann Lavrih), 6.1.1998, Eric Young Orchid Foundation;*Miltonia phalaenopsis* 'McBean's' (Nellie Roberts), 19.4.1910, J & A McBean.

p203: *Miltonia* Baden Baden 'Celle' (Jeanne Holgate), 1. 12. 1959, H. Wichman, Celle, Germany.

p204: *Miltonia* Lycaena 'Orchidhurst' (Nellie Roberts), 12. 2. 1929, Baron Bruno Schroeder, Dell Park.

p205: *Miltonia* Augusta 'Stonehurst' (Jeanne Holgate), 24. 3. 1964, by R. Strauss, Sussex.

p206: *Miltonia* Binotii 'Gabriel's' (Nellie Roberts), 29. 8. 1905, GB Gabriel, Surrey.

p207: *Miltonioda* Mrs Carl Holmes (Nellie Roberts), 20. 5. 1931, Black & Flory, Slough.

p208: *Odontioda* West 'Mount Millais'(Cherry-Ann Lavrih), 29. 11. 1988, Eric Young Orchid Foundation.

p209: *Odontioda* Durhan Galaxy 'Lyoth Supreme' (Cherry-Ann Lavrih), 20.2.1990, Charlesworth (McBean's), Sussex.

p210: *Odontioda* La Hougue Bie 'Jersey' (Cherry-Ann Lavrih), 9. 3. 1991, Eric Young Orchid Foundation.

p211: *Odontioda* Becquet Vincent 'Saint Helier' (Cherry-Ann Lavrih), 6.1.1998, Eric Young Orchid Foundation.

p212-213: *Odontioda* Devossiana 'Saint Helier' (Gillian Barlow), 18. 7. 1995, Eric Young Orchid Foundation.

p214: *Odontocidium* Purbeck Gold 'Tigeran' (Gillian Young), 8. 2. 1983, Keith Andrew Orchids, Dorset.

p215: *Odontocidium* Sunrise Valley 'Mont Millais' (SH), 14.7.1981, Eric Young Orchid Foundation/Beall Company.

p216: *Odontoglossum crispum* 'Walkerae' (Nellie Roberts), 12. 6. 1906, WC Walker, London.

p217: *Odontoglossum* Grouville Bay 'Mont Millais' (Cherry-Ann Lavrih), 29.11.1988, Eric Young Orchid Foundation.

p218: *Odontoglossum* Wilckeanum 'Pittiae' (Nellie Roberts), 8. 3. 1898, shown by HT Pitt, London.

p219: *Odontoglossum* Crispinum 'Delicatum' (Nellie Roberts),

19.5.1953, Charlesworth & Co.

p220: *Odontoglossum* Clonius 'Colossus' (Nellie Roberts), 22.2.1938, Charlesworth & Co.

p221: *Odontoglossum* Aureola (Nellie Roberts), 10.4.1923, Pantia Ralli, Ashtead Park, Surrey.

p222: *Odontonia* Joiceyi (Nellie Roberts), 12.8.1924, Charlesworth & Co.

p223: *Odontonia* Saint Alban (Nellie Roberts), 18.6,1912, Sanders.

p224: *Oncidioda* Cooksoniae 'Ralli's' (Nellie Roberts), 4. 3. 1913, Pantia Ralli.

p225: *Paphiopedilum insigne* 'Oakwood Seedling' (Nellie Roberts), 15. 12. 1903, N Cookson.

p226: *Paphiopedilum* Baldovan (Nellie Roberts), 10.12.1929, Robert Paterson of Stonehurst, Sussex.

p227: *Paphiopedilum* Faire-Maude 'Royal Black'(Cherry-Ann Lavrih), 23.2.1988, The Royal Orchid of Bonn, Germany.

p228: *Paphiopedilum* Aragon 'Majestic' (Gillian Young), 2. 3. 1982, Ratcliffe Orchids, Oxon; *Paphiopedilum* Bonne Nuit 'Cooksbridge Giant' (Cherry-Ann Lavrih), 16.6.1992, Mc Bean's Orchids.

p229: *Paphiopedilum fairrieanum* 'Black Prince' (Nellie Roberts), 10. 12. 1907, Sanders.

p230: *Paphiopedilum bellatulum* (M Iris Humphreys), 19. 5. 1980, Ratcliffe Orchids.

p231: *Paphiopedilum* Bendigo (Nellie Roberts), 14. 12. 1926, HG Alexander.

p232: *Paphiopedilum* Gloria Naugle 'Mont Millais' (Cherry-Ann Lavrih), 3.11.1998, Eric Young Orchid Foundation.

p233: *Paphiopedilum* Mina de Valec 'Francoise Lecoufle' (Cherry-Ann Lavrih), 1.9.1998, Vacherot & Lecoufle.

p234: *Paphiopedilum malipoense* 'Bailiff's Cottage' (Cherry-Ann Lavrih), 16.2.1999, S Holland, Bailiff's Cottage, Sussex.

p235: *Paphiopedilum* Victoria Village 'Isle of Jersey' (Cherry-Ann Lavrih), 28.8.1999, Eric Young Orchid Foundation.

p236: *Paphiopedilum* Vera Pellechia 'Jersey' (Cherry-Ann Lavrih), 24.5.1999, Eric Young Orchid Foundation, Jersey.

p237: *Paphiopedilum* Vera Pellechia 'Trinity'(Cherry-Ann Lavrih), 20.1.1998, Eric Young Orchid Foundation.

p238: *Phaius* Harold (Nellie Roberts), 24.3.1903, Norman C Cookson.

p239: *Phaius cooperi* (Nellie Roberts), 27. 9. 1910, Sanders.

p240: *Phaius francoisii* 'Anne' (Gillian Young), 24. 8. 1982, The Director, RHS Gardens, Wisley; *Phaius pulcher* 'Clare' (Cherry-Ann Lavrih), 25.6.1996, Johan Hermans.

p241: *Phaius pulchellus* 'Clare' (Cherry-Ann Lavrih), Johan Hermans.

p242: *Phaius* Norman (Nellie Roberts), 8. 3. 1898, Charlesworth & Co./Norman C Cookson.

p243: *Phalaenopsis* Barbara King 'Royal Red' (Cherry-Ann Lavrih), 29. 11. 1988, The Royal Orchid.

p244: *Phalaenopsis* Amado Vasquez 'Zuma Canyon' (Gillian Young), AM 19. 3. 1985, Zuma Canyon Orchids, Malibu, California; *Phalaenopsis* Bonnie Vasquez 'Zuma Canyon' (Gillian Young), 19. 3. 1985, Zuma Canyon Orchids.

p245: *Phalaenopsis* Aubrac 'Monique' (Gillian Young), 21. 5. 1984, Vacherot & Lecoufle.

p246: *Phalaenopsis* Bryher 'Mont Millais' (Gillian Young),

10. 12. 1985, Eric Young Orchid Foundation.

p247: *Phalaenopsis* Bel Croute 'Trinity' (Cherry-Ann Lavrih), 10. 3. 1990, Eric Young Orchid Foundation.

p248: *Phalaenopsis* Breckinridge Rosegold 'BigMarkie' (Cherry-Ann Lavrih), 1. 3. 1997, Breckinridge Orchids, Brown Summit, North California.

p249: *Phalaenopsis* Beauport 'Mont Millais' (Gillian Young), 13.7.1982, Eric Young Orchid Foundation.

p250: *Phalaenopsis celebensis* 'Trinity' (Cherry-Ann Lavrih), 29. 10. 1991, Eric Young Orchid Foundation.

p251: *Phalaenopsis* Bonne Nuit 'Trinity' (Cherry-Ann Lavrih), 10. 10. 1988, Eric Young Orchid Foundation.

p252: *Phalaenopsis* Ever-spring 'Black Pearl' (Cherry-Ann Lavrih), 24.6.2000, R. Leong, London.

p253: *Phalaenopsis* Charisma 'Mont Millais' (Gillian Young), 1. 11. 1983, Eric Young Orchid Foundation.

p254: *Phalaenopsis* Spring Creek 'Mont Millais'(Gillian Young), 30.4.1985, Eric Young Orchid Foundation.

p255: *Phalaenopsis* Sweet Memory 'Bonnie' (Gillian Young), 19. 3. 1985, Zuma Canyon Orchids/Universal Orchids.

p256: *Phalaenopsis* Stuarto-Mannii (Nellie Roberts), 12. 4. 1898, James Veitch & Sons.

p257: *Phalaenopsis gigantea* 'Fincham' (M Iris Humphreys), 4. 9. 1968, L Maurice Mason.

p258: *Phragmipedium* Sorcerer's Apprentice 'Jersey' (Cherry-Ann Lavrih), 12. 12. 95, Eric Young Orchid Foundation.

p259: *Phragmipedium* Eric Young 'Trinity' (Cherry-Ann Lavrih), 29. 10. 1991, Eric Young Orchid Foundation.

p260: *Potinara* Juliettae 'Brockhurst' (Nellie Roberts), 23. 3.

1926, FJ Hanbury, East Grinstead.

p261: *Potinara* Dorothy 'Dell Park' (Nellie Roberts), 19.9.1929, Baron Bruno Schroeder.

p262: *Potinara* Afternoon Delight 'Magnetism'(Cherry-Ann Lavrih), 4.4.1998, Colin Howe, Hermitage, Berks.

p263: *Potinara* Meg Darell (Nellie Roberts),8.4.1930, Baron Bruno Schroeder.

p264: *Promenaea* Dinah Albright 'Bromesberrow Place' (Gillian Young), 7. 8. 1984, DG Albright/Alan Greatwood.

p265: *Promenaea* Dinah Albright 'Chase End' (David Leigh), 14. 7. 1986, DG Albright.

p266: *Renanopsis* Lena Rowold 'Orchid Haven'(M Iris Humphreys), 19.5.1975, FA Hunte, Orchid haven, Barbados/ OM Kirsch.

p267: *Renanopsis* Embers 'Allison' (M Iris Humphreys), 19. 5. 1975, FA Hunte/Woodland Nurseries.

p268: *Sobralia* Lowii (Nellie Roberts), 28.8.1906, Henry Little, Baronshalt, Middlesex.

p269: *Sobralia ruckeri* 'Charlesworthii' (Nellie Roberts), 24.5.1910, Charlesworth & Co.

p270: *Sophrocattleya* Antiochus (Nellie Roberts), 17.9.1907, Charlesworth & Co.

p271: *Sophrocattleya* Westfieldensis (Nellie Roberts), 17. 12. 1912, Francis Wellesley, Westfield, Woking.

p272: *Sophrocattleya* Chamberlainii 'Triumphans' (Nellie Roberts), 5.12.1899, Joseph Chamberlain, Highbury, Birmingham.

p273: *Sophrocattleya* Calypso (Nellie Roberts), 13.12.1892, James Veitch & Sons.

p274: *Sophrocattleya* Purple Monarch (Nellie Roberts), 14. 8. 1928, J & A McBean.

p275: *Sophrocattleya* Nydia (Nellie Roberts),12.11.1907, J & A McBean.

p276: *Sophrolaelia* Felicia (Nellie Roberts),3.3.1908, Charlesworth & Co.

p277: *Sophrolaelia* Gratrixiae (Nellie Roberts), 10.9.1907. Charlesworth & Co.

p278: *Sophrolaelia* Gratrixiae 'Magnifica'(Nellie Roberts), 17.9.1907, F Menteith Ogilvie, The Shrubbery, Oxford

p279: *Sophrolaelia* Heatonensis (Nellie Roberts), 7.10.1902, Charlesworth & Co.

p280: *Sophrolaeliocattleya* Medea (Nellie Roberts), 29.10.1907, Sir George Holford of Westonbirt, Glos.

p281: *Sophrolaeliocattleya* Beacon 'Lustrissima' (Nellie Roberts), 25.10. 1932, HG Alexander.

p282: *Sophrolaeliocattleya* Alethaea (Nellie Roberts), 22. 11. 1910, HS Goodson, Fairlawn, London.

p283: *Sophrolaeliocattleya* Danae 'Superba' (Nellie Roberts), 1. 9. 1908, shown by Sir George Holford.

p284: *Sophrolaeliocattleya* Goodsonii (Nellie Roberts), 15. 8. 1911, HS Goodson.

p285: *Sophrocattleya* Nanette (Nellie Roberts), 16.12.1930, J & A McBean.

p286: *Sophrolaeliocattleya* Rocket Burst 'Deep Enamel' (Cherry-Ann Lavrih), 24.5.1993,Rod McLellan Co. San Francisco.

p287: *Sophrolaeliocattleya* Olive (Nellie Roberts), 23. 3. 1909, J Gurney Fowler, Glebelands, Essex.

p288: *Trichopilia backhouseana* (Nellie Roberts), 7. 6. 1932, ER Ashton, Broadlands, Kent.

p289: *Trichopilia brevis* (Nellie Roberts), 14. 12. 1897, Sir Frederick Wigan, Clare Lawn, Surrey.

p290: *Trichopilia fragrans* (*lehmannii*) (Nellie Roberts), 15. 8. 1911, Sir Trevor Lawrence.

p291: *Trichopilia* Gouldii (Nellie Roberts), 5.12.1911, Charlesworth & Co.

p292: *Vanda* Adrienne 'Flamboyant' (M Iris Humphreys), 14. 6. 1977, Vacherot & Lecoufle/Phairot Lenava.

p293: *Vanda* Amoena (Nellie Roberts), 21.9.1897, Jules Linden, Brussels.

p294: *Vanda coerulescens* 'Bluebird' (Nellie Roberts), 20. 3. 1945, Sanders.

p295: *Vanda cristata* 'Pat' (Cherry-Ann Lavrih), 25.4.1992, J Addis, Worcs.

p296: *Vanda coerulea* 'The Node' (Nellie Roberts), 14.8.1930, Mrs Carl Holmes.

p297: *Vanda* Nalu 'Selsfield' (Jeanne Holgate), 15.9.1964, David Sanders Orchids.

p298: *Vanda coerulea* 'Westonbirt' (Nellie Roberts), 16.8.1910, Sir George Holford.

p299: *Vanda* Wirat 'Boss' (Gillian Young), 12.7.1983, James Lim.

p300: *Vanda* Fuchs Fanfare 'Stonehurst' (Cherry-Ann Lavrih), 25.4.1992, Stonehurst Nurseries, Sussex.

p301: *Vanda* Janet Kancali 'Grace Cheah' (Jeanne Holgate), 11.4.1961, Cheal Kam Yean, Penang, Malaysia.

p302: *Vascostylis* Susan 'St Helier' (M Iris Humphreys), 26.

10. 1971, Eric E Young, Jersey.

p303: *Vascostylis* Tham Yuem Hae 'Blue Queen'(Gillian Young), 21.9.1982, Wyld Court Orchids, Newbury, Berks/T Orchids, Thailand.

p304: *Vuylstekeara* Robin Pittman 'Trinity' (Cherry-Ann Lavrih), 21.11.1995, Eric Young Orchid Foundation.

p305: *Vuylstekeara* Elkara 'Cooksbridge' (M Iris Humphreys), 12. 6. 1973, Charlesworth & Co.

p306: *Vuylstekeara* Cambria 'Cannizaro' (Nellie Roberts), 14.1.1936, E Kenneth Wilson, Wimbledon, Surrey.

p307: *Vuylstekeara* Agatha (Nellie Roberts), 9.1.1934, Charlesworth & Co.

p308: *Vuylstekeara* Elkara 'Lyoth Gem' (M Iris Humphreys), 18. 5. 1970, Charlesworth & Co.

p309: *Vuylstekeara* Maraena 'Lyoth Joy' (M Iris Humphreys), 9.3.1976, Charlesworth (McBean's).

p310: *Vuylstekeara* Estella Jewel (Nellie Roberts), 11.3.1930, Charlesworth & Co.

p311: *Vuylstekeara* Insignis 'Picta' (Nellie Roberts), 10. 7. 1923, Charlesworth &Co.

p312: *Wilsonara* Durham Sunset 'Lyoth Sunset'(Cherry-Ann Lavrih), 22.2.1994, Charlesworth (McBean's).

p313: *Wilsonara* Durham Ingot 'Lyoth Supreme'(Cherry-Ann Lavrih), 24.4.1990, McBean's Orchids.

p314: *Wilsonara* Mystery 'Wics' (Jeanne Holgate), 13.4.1965, David Sander Orchids.

p315: *Wilsonara* Marvida 'Lyoth Night' (Cherry-Ann Lavrih), 30.4.1991, Charlesworth (McBean's).

p316: *Wilsonara* Celle 'Venus' (M Iris Humphreys),

20.11.1973, H Wichmann & Son.

p317: *Wilsonara* Durham Vision 'Lyoth Globe' (Cherry-Ann Lavrih), 16.6.1993, Charlesworth (McBean's).

p318: *Wilsonara* Five Oaks 'Jersey' (画家未签名), 17.3.1981, Eric Young Orchid Foundation/Beall Company; *Wilsonara* Ravissement 'La Reunion' (Gillian Young), 19.5.1986, Vacherot & Lecoufle; *Wilsonara* Uruapan 'Tyrone' (Gillian Young), 17. 4. 1984, RW Payne, Wrayscroft, Middlesex/RB Dugger.

p319: Wilsonara Jean DuPont 'Clown Loach' (Cherry-Ann Lavrih), 20. 5. 1996, Tom Perlite, Golden Gate Orchids, San Francisco.

p320: *Wilsonara* Tiger Talk 'Beacon' (Gillian Young), 12. 3. 1983, Burnham Nurseries/Rod McLellan.

p321: *Wilsonara* Harvest Moon 'Spring Promise'(Gillian Young), 21. 2. 1984, David Stead Orchids, Wakefield, Yorks./ George Black.

p322: *Zygocolax* Charlesworthii 'Rubida' (Nellie Roberts), 21. 12. 1909, Charlesworth & Co.

p323: *Zygocolax* Leopardinus 'Wigan's' (Nellie Roberts), 9. 1. 1900, Sir Frederick Wigan.

p324: *Zygocolax* Wiganianus 'Superbus' (Nellie Roberts), 25. 2. 1902, Sanders.

p325: *Zygocolax* Amesianus (Nellie Roberts), 19.12.1899, Sanders.

p326: *Zygopetalum* Roeblingianum (Nellie Roberts), 15.9.1903, CG Roebling, Trenton, New Jersey.

p327: *Zygopetalum* Brewii (Nellie Roberts), 16.6.1912, Charlesworth & Co.

p328: *Zygopetalum burtii* (Nellie Roberts), 10.4.1900, HT

Pitt.

p329: *Zygopetalum* Crawshayanum (Nellie Roberts), 23. 5. 1905, De Barri Crawshay, Rosefield, Kent.

p330: *Zygopetalum* Ballii (Nellie Roberts), 27.2.1900, G Shorland Ball, Wimslow, Cheshire.

p331: *Zygopetalum* Perrenoudii 'Superbum' (Nellie Roberts), 13.4.1897, James Veifth & Sons.

p332: *Zygopetalum maxillare* 'Sanderianum' (Nellie Roberts), 24.9.1912, Sir Trevor Lawrence.

p333: *Zygopetalum* Lindenii (Nellie Roberts), 1892, Jules Linden.

p334: *Zygopetalum* James Strauss 'Stonehurst' (Gillian Young), 21.2.1984, Derek Strauss, Stonehurst, Sussex/ Stonehurst Orchids.

p335: *Zygopetalum* John Banks 'Remembrance' (M Iris Humphreys), 27.9.1977, Wyld Court Orchids, Newbury.

p336: *Zygopetalum jorisianum* (Nellie Roberts), 12.10.1897, Walter Cobb, Dulcote, Kent.

p337: *Zygopetalum crinitum* (Nellie Roberts), 24.2.1903, Charlesworth & Co.

p338-339: 见 214 页条目。

p343-351: 肖像来自皇家园艺学会林德利图书馆。

p389: 插 图 来 自 *Orchidaceae of Mexico and Guatemala*, James Bateman.

索引

索引斜体页码表示出现在插图中

致谢

出版社及作者向所有在本书出版过程中提供帮助的人表示感谢。

尤其要感谢所有皇家园艺学会及林德利图书馆的工作人员的帮助和支持，特别是苏珊娜·米切尔、布伦特·埃利奥特以及詹妮弗·瓦因。

同样感谢：

插图原作的摄影：罗德尼·托德－怀特父子公司

分色：新加坡明亮艺术

本书中文版由史军博士进行专业方面审定，在此特别表示感谢。

Μεγα βιβλιον μεγα κακον.

图书在版编目（CIP）数据

兰花档案 /（英）马克·格里菲思著；王晨，张敏，张璐译. — 北京：商务印书馆，2018
ISBN 978 − 7 − 100 − 15961 − 6

Ⅰ.①兰…　Ⅱ.①马…②王…　Ⅲ.①兰科 — 花卉 — 观赏园艺　Ⅳ.①S682.31

中国版本图书馆 CIP 数据核字（2018）第047606号

兰 花 档 案

〔英〕马克·格里菲思　著

王 晨　张 敏　张 璐　译

商 务 印 书 馆 出 版
（北京王府井大街36号　邮政编码 100710）
商 务 印 书 馆 发 行
山东临沂新华印刷物流集团印刷
ISBN 978 − 7 − 100 − 15961 − 6

2018年4月第1版　　　　开本 760×980　1/16
2018年4月第1次印刷　　印张 24¼
定价：145.00元